华章图书

一本打开的书，一扇开启的门，

通向科学殿堂的阶梯，托起一流人才的基石。

信息技术科普丛书

[爱尔兰] 约翰 · D. 凯莱赫（John D. Kelleher）著
赵启军 译

机械工业出版社
China Machine Press

图书在版编目（CIP）数据

人人可懂的深度学习 /（爱尔兰）约翰 · D. 凯莱赫（John D. Kelleher）著；赵启军译 . -- 北京：机械工业出版社，2021.4
（信息技术科普丛书）
书名原文：Deep Learning
ISBN 978-7-111-68010-9

I. ①人… II. ①约… ②赵… III. ①机器学习 IV. ①TP181

中国版本图书馆 CIP 数据核字（2021）第 063860 号

人人可懂的深度学习

出版发行：机械工业出版社（北京市西城区百万庄大街 22 号 邮政编码：100037）
责任编辑：姚 蕾 游 静
责任校对：殷 虹
印 刷：中国电影出版社印刷厂
版 次：2021 年 4 月第 1 版第 1 次印刷
开 本：147mm × 210mm 1/32
印 张：6.875
书 号：ISBN 978-7-111-68010-9
定 价：69.00 元

客服电话：（010）88361066 88379833 68326294 投稿热线：（010）88379604
华章网站：www.hzbook.com 读者信箱：hzit@hzbook.com

THE TRANSLATOR'S WORDS 译者序

如果要列出近十年对我们的生活产生了重大影响的技术，我相信深度学习一定会位列其中。近年来，从语音识别到机器翻译，从自然语言处理到自动驾驶，从图像分类到视觉计算，从二维图像处理到三维点云处理，几乎无不受益于深度学习技术。深度学习技术带来的性能的显著提升使这些研究得以走出实验室，走进实际应用。以人脸识别为例，“刷脸”在我国已经妇孺皆知，无论是线上或线下的购物付款，还是高铁站和机场的安检，现在都可以借助“刷脸”轻松便捷地完成。人脸识别应用之所以能在短短几年间遍地开花，正是因为有了真实业务场景下的人脸大数据以及能够充分挖掘和利用这些数据的深度学习技术。与所有其他技术一样，深度学习技术也具有两面性，它可能在我们毫不知情的情况下侵犯我们的隐私，还可能被用于伪造数据、制造假新闻或假证据。因而，无论是专业人士还是普通百姓，了解深度学习都是有益的。

John D. Kelleher 教授的这本著作将深度学习技术的发展

历史、现状和未来向读者娓娓道来，以深入浅出的方式介绍了深度学习的核心思想和关键技术，非常适合尚不具备专业背景的读者学习和了解什么是深度学习技术，如何进行深度学习，深度学习适合哪些任务，深度学习还有哪些不足。如果你是专业人士，这本书也不会让你失望，它对深度学习中的一些关键问题（如过拟合和梯度消失）、核心技术（如反向传播和梯度下降）、典型模型（如卷积神经网络和循环神经网络）的讲解简洁而不失深刻，对深度学习技术未来发展的讨论也很有启发性。

在翻译本书的过程中，四川大学和西藏大学的一些博士和硕士研究生，特别是戴晓薇、李琨剑、袁文雪、李佳欣和芷香香，以及我的同事，特别是高定国教授，提出了不少有价值的建议，在此对他们表示感谢。我还要感谢我的家人对我深厚的爱和默默的支持，正是他们的爱与支持激励着我不断前行。

“读书破万卷，下笔如有神”“读书百遍，其义自见”，中华民族的先人们早已经意识到了学习的深度和广度的重要性。我希望这本译著能够帮助更多人更好地了解和认识当代的深度学习技术，然而由于本人水平有限，对本书的翻译难免存在不足之处，恳请读者予以批评指正。

赵启军

四川大学计算机学院

西藏大学信息科学技术学院

2020 年 11 月 14 日于拉萨

PREFACE 前言

深度学习正从各个方面深刻影响和改变着人类的当代生活。你从媒体上得知的有关人工智能的绝大部分重大突破都是依赖深度学习实现的。因此，无论你是一位志在提升公司效率的商界精英，还是一位关心大数据时代的伦理与隐私的政策制定者，或者是一名研究复杂数据的科研人员，抑或是一个想更好地了解人工智能的潜力以及它将如何影响自己的生活的热心读者，都需要了解和认识深度学习，这非常重要。

本书的目的正是帮助普通读者了解深度学习是什么，它从何而来，它是如何发挥作用的，它能够帮助我们做什么（当然也包括它不能做什么），以及未来十年深度学习将会如何发展。简单而言，深度学习就是一组算法和模型，因此，为了了解深度学习，就必须了解这些算法和模型是如何处理数据的。基于这样的考虑，本书不只是单纯地描述和定义概念，还包括对算法的解释说明。本书努力以浅显易懂的方式为读者呈现技术内容。根据经验，介绍技术的最好方法是一步一步地解释技术涉及的基本概念。因此，本书尽可能减少纯数学内容，而只在必要的地方才以尽可能清楚和直接的方式介绍相关的数学公式。此外，本书将通过例子和图示来补充对这些数学公式的解释。

深度学习的真正奇妙之处不在于作为它的基础的复杂数学知识，而在于它通过简单的计算就能完成众多令人兴奋且印象深刻的任务。当面对深度学习时，就算发出“这些都是它完成的?”这样的惊叹，你也不用觉得奇怪。事实上，一个深度学习模型所做的就是很多（必须承认，是非常多）乘法与加法运算，以及夹杂在其中的一些非线性映射（书中会详细解释这些非线性映射）。尽管简单，但这样的模型能击败围棋世界冠军，能取得计算机视觉和机器翻译的顶尖效果，甚至能驾驶一辆汽车——它还有很多惊人的成就。虽然这只是一本关于深度学习的入门级书籍，但是希望本书关于深度学习的介绍具有足够的深度，随着你对深度学习越来越了解，在将来的某一天你还会重新打开这本书阅读。

ACKNOWLEDGEMENTS 致谢

这本书的完成离不开我的妻子Aphra和我的家庭（特别是我的父母John Kelleher和Betty Kelleher）的付出。在写作此书的过程中，我的朋友们也给予了我非常多的支持，尤其是Alan McDonnell、Ionela Lungu、Simon Dobnik、Lorraine Byrne、Noel Fitzpatrick以及Josef van Genabith。

还要感谢MIT出版社的同人们，感谢那些阅读了本书部分章节并给予我宝贵意见的人。MIT出版社安排三位匿名评审人阅读了本书的初稿，对于这些评审人提出的非常有用的建议，我表示由衷的感谢。在本书正式出版前，还有一些人阅读了书中的一些章节并提出了宝贵的修改建议，包括Mike Dillinger、Magdalena Kacmajor、Elizabeth Kelleher、John Bernard Kelleher、Aphra Kerr、Filip Klubicka和Abhijit Mahalunkar。在本书付梓之际，对于他们给予我的帮助一并表示感谢。在写作本书之前和写作本书期间，我和同事以及学生们就深度学习进行了很多讨论，特别是与Robert Ross

和 Giancarlo Salton 的讨论，这些讨论为本书的写作提供了很多启发。

我想将这本书献给我的妹妹 Elizabeth (Liz) Kelleher，以感谢她给予我的爱与支持，以及她对一个喜欢不停解释各种事情的哥哥的耐心。

译者序

前言

致谢

第1章 深度学习概述 / 1

1.1 人工智能、机器学习和深度学习 / 4

1.2 什么是机器学习 / 10

1.3 机器学习为何如此困难 / 14

1.4 机器学习的关键要素 / 18

1.5 有监督学习、无监督学习和强化学习 / 21

1.6 深度学习为何如此成功 / 24

1.7 本章小结及本书内容安排 / 27

第2章 | **预备知识** / 31

2.1 什么是数学模型 / 32

2.2 含有多个输入的线性模型 / 35

2.3 线性模型的参数设置 / 37

2.4 从数据中学习模型参数 / 39

2.5 模型的组合 / 44

2.6 输入空间、权重空间和激活空间 / 46

2.7 本章小结 / 49

第3章 | **神经网络：深度学习的基石** / 51

3.1 人工神经网络 / 53

3.2 人工神经元是如何处理信息的 / 56

3.3 为什么需要激活函数 / 61

3.4 神经元参数的变化如何影响神经元的行为 / 65

3.5 使用GPU加速神经网络的训练 / 73

3.6 本章小结 / 77

第4章 | **深度学习简史** / 80

4.1 早期研究：阈值逻辑单元 / 83

4.2 连接主义：多层感知机 / 98

4.3 深度学习时代 / 114

4.4 本章小结 / 124

第5章 卷积神经网络和循环神经网络 / 126

5.1 卷积神经网络 / 127

5.2 循环神经网络 / 135

第6章 神经网络的训练 / 147

6.1 梯度下降 / 149

6.2 使用反向传播训练神经网络 / 165

第7章 深度学习的未来 / 181

7.1 推动算法革新的大数据 / 183

7.2 新模型的提出 / 187

7.3 新形式的硬件 / 189

7.4 可解释性问题 / 192

7.5 结语 / 196

术语表 / 197

参考文献 / 203

延伸阅读 / 208

1

第1章

深度学习概述

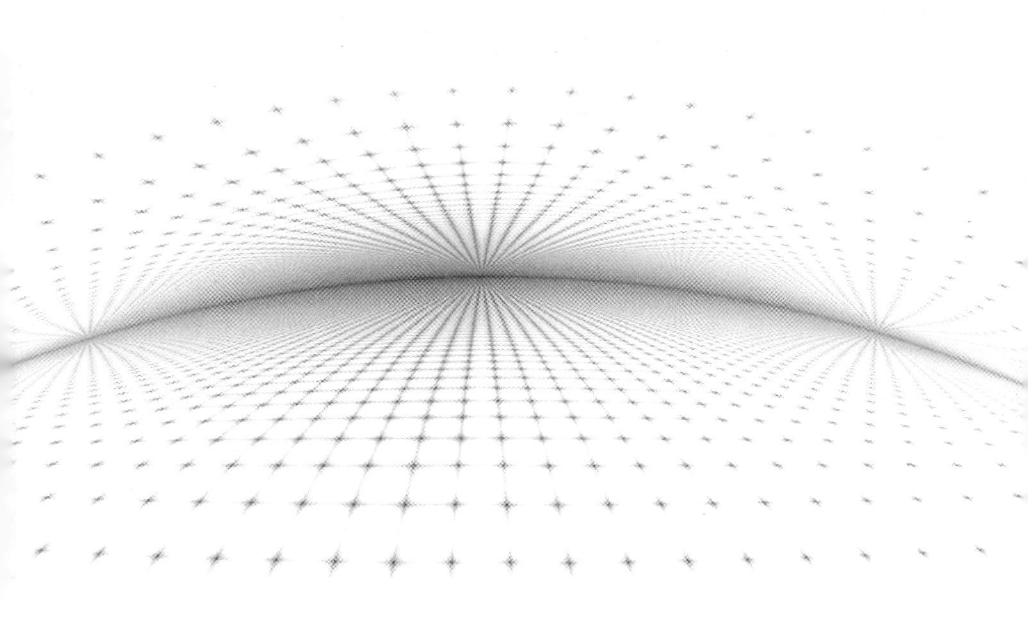

作为人工智能的一个子领域，深度学习致力于构建能够在数据驱动下做出精确决策的大规模神经网络模型。深度学习特别适合于复杂数据和有大规模数据集的情形。如今，大部分在线公司和高端消费级技术都在使用深度学习。比如脸书（Facebook）就使用了深度学习来分析在线对话中的文本。谷歌、百度和微软也不例外，它们借助深度学习实现图片搜索和机器翻译。当代所有的智能手机上也都运行着深度学习系统，比如基于深度学习的语音识别和与手机上嵌入式摄像头相结合的深度学习人脸检测。在医疗健康领域，深度学习已被用来处理医学影像（X 射线、CT 与 MRI 影像）和诊断健康状况。深度学习还是自动驾驶汽车的核心技术，用于实现定位、地图生成、运动规划和导航、环境感知以及跟踪驾驶员的状态。

深度学习最广为人知的例子或许就是 DeepMind 团队研发的阿尔法狗（AlphaGo）[⊖]。围棋（Go）是与国际象棋类似的棋盘类游戏。阿尔法狗是世界上第一个击败人类专业围棋手的计算机程序。2016 年 3 月，在一场有两亿多人观看的比赛中，阿尔法狗打败了来自韩国的世界顶级专业围棋手李世石。第二年，也就是 2017 年，阿尔法狗又赢了世界排名第一的围棋手——来自中国的柯洁。

⊖ https://deepmind.com/research/alphago/。

时间退回到2016年，阿尔法狗的成功在当年让人们感到非常惊讶。那个时候，人们普遍认为计算机程序还要经过很多年研究才能击败人类顶级围棋手。长久以来，人们已经知道让计算机学会下围棋要比让它学会下国际象棋难得多，因为相比于国际象棋，围棋棋盘更大、规则更简单，这使得围棋的棋局比国际象棋的要多得多。事实上，围棋的棋局数量比宇宙中的原子数量还要多。如此巨大的搜索空间和庞大的分支数（也就是从一个棋局通过一步棋能够到达的棋局数）使围棋对于人类和计算机来说都是一项极具挑战的游戏。

回顾一下计算机程序与人类选手下围棋和下国际象棋的历史，我们就能更好地理解这两种棋类游戏的相对难度了。早在1967年，麻省理工学院研发的MacHack-6国际象棋程序就已经能够下赢人类棋手了，在埃洛评级[⊖]中可以达到远高于新手级别的水平。而到了1997年5月，深蓝（DeepBlue）已经能够击败国际象棋世界冠军加里·卡斯帕罗夫了。与此相比，第一个完整的围棋程序直到1968年才被写出来，而在1997年的时候，比较厉害的人类棋手依然能够轻而易举地击败最好的围棋程序。

⊖ 埃洛评级系统（Elo rating system）是一种评价像围棋这样的零和游戏中的玩家的技术水平的方法，它的命名是为了纪念其发明者阿帕德·埃洛（Arpad Elo）。

国际象棋和围棋计算机程序发展过程中的这些时间差反映出了这两种棋类游戏在计算复杂度上的差异。然而，如果换一个角度对它们的发展历史进行比较，我们就能看出深度学习在提高计算机程序的围棋水平方面的革命性影响。国际象棋程序从 1967 年的人类水平提高到 1997 年的世界冠军水平整整用了 30 年。尽管在 2009 年的时候，世界上最好的围棋程序还只能排在高级业余选手的末位，但在深度学习的加持下，围棋程序从高级业余选手水平到世界冠军水平仅仅用了 7 年。借助深度学习实现如此显著的性能提升，这一点在很多其他领域也已司空见惯。

阿尔法狗使用深度学习对棋局进行评估，并决定下一步棋的走法。阿尔法狗的这一事实能够帮助我们理解为什么深度学习在如此多的不同领域和应用中都能够大显身手。决策是我们生活中至关重要的一部分，虽然我们可以根据自己的直觉进行决策，但是很多人还是认同最好的决策方法是基于相关的数据。深度学习便提供了这样的**数据驱动的决策**，它能从大量将复杂输入精确映射到好的决策结果的数据中发现和提取模式。

1.1 人工智能、机器学习和深度学习

深度学习源于人工智能和机器学习。图 1-1 展示了这三

者之间的关系。

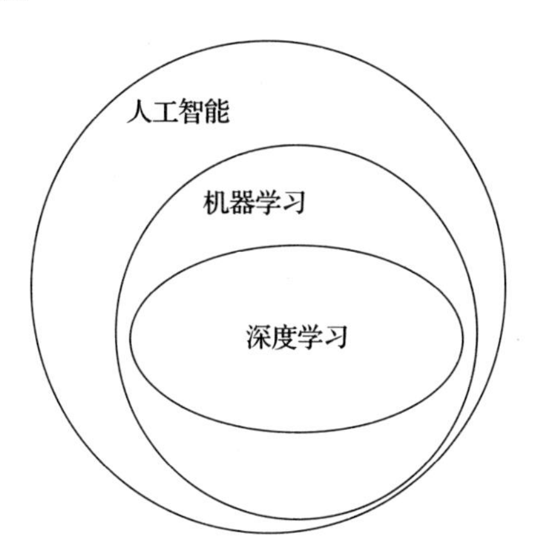

图 1-1　人工智能、机器学习和深度学习之间的关系

人工智能领域诞生于 1956 年夏天在达特茅斯学院召开的一场论坛。那场论坛提出了很多研究课题，包括数学定理证明、自然语言处理、游戏规划、能够从样例中学习的计算机程序以及神经网络，其中后两个研究课题正是现代机器学习领域的发端。

机器学习旨在开发和评估能够使计算机从数据集（一组样本）中提取（或学习）函数的算法。要理解机器学习，我们首先必须理解三个概念：数据集、算法和函数。

通过从大量将复杂输入精确映射到好的决策结果的数据中发现和提取模式，深度学习实现了数据驱动的决策。

数据集的最简单形式就是一张表，其中每一行是对来自某个域的一个样本的描述，而每一列则是有关该域中的一个特征的信息。例如，表1-1展示了来自贷款申请领域的一个数据集。该数据集包含了四个贷款申请的细节信息。除去为了索引方便而设置的编号信息，每一个贷款申请还包含三个特征：申请人的年收入、当前负债和信贷偿还能力。

表1-1　有关贷款申请者及其信贷偿还能力评分的数据集

编号	年收入/$	当前负债/$	信贷偿还能力
1	150	–100	100
2	250	–300	–50
3	450	–250	400
4	200	–350	–300

算法是计算机能够执行的过程（或程序，好比处方或食谱）。在机器学习中，算法定义了对数据集进行分析并从中发现重复出现的模式的过程。比如，算法可能会找出一个人的年收入和当前负债与他的信贷偿还能力之间的关联模式。用数学语言表述，这种类型的关联关系就是函数。

函数给出了从一组输入值到一个或多个输出值之间的确定性映射。确定性映射是指，对于给定的输入，一个确定的函数总是得到同样的输出。例如，加法运算就是一个确定性映射，2+2的结果一定等于4。除了基本的算术运算，我们还可以在更加复杂的域上构造函数，比如以一个人的收入和负债为输入、以其信贷偿还能力评分为输出的函数。函数的概念对于深度学习同样非常重要，为此，我们不妨再次强调函数的定义：简单地说，函数就是从输入到输出的映射。事实上，机器学习的目的就是从数据中学习函数，而函数可以用多种不同形式表示，包括简单的算术运算（如加法和减法运算都是根据输入值计算出一个标量输出值的函数），由 if-then-else 规则构成的操作序列，以及其他更加复杂的表示形式。

神经网络也是函数的一种表达形式，而深度学习便是聚焦于深度神经网络模型的一个机器学习子领域。深度学习算法从数据集中提取的模式实际上就是用神经网络表示的函数。图 1-2 展示了一个神经网络的结构。图中左侧的方框表示神经网络的输入，圆圈表示神经元，而每个神经元实现了一个函数：以一组值作为输入，将这些值映射为一个输出值。图 1-2 中的箭头反映了每个神经元的输出是如何作为输入传输给其他神经元的。在图 1-2 中的神经网络中，信息自左向右传输。如果训练该网络以根据一个人的收入和负债预测其信贷偿还能力，那么该网络将在其左侧接收收入和负债作为输入，而通过其右侧的神经元输出信贷偿还能力评分。

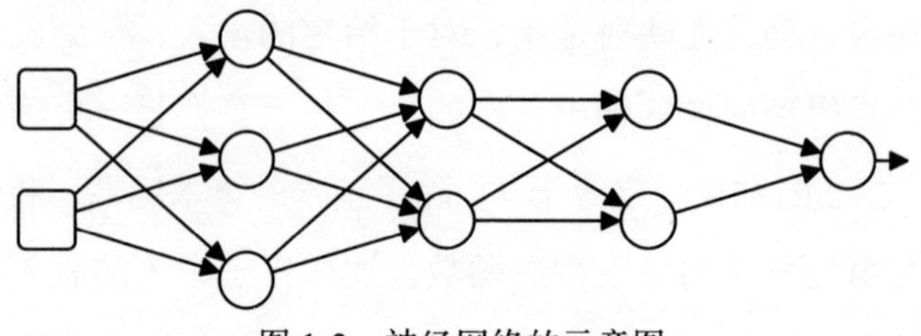

图 1-2　神经网络的示意图

函数是从一组输入值到一个或多个输出值的确定性映射。

神经网络使用分而治之的策略来学习函数：网络中的每个神经元学习一个简单函数，而这些简单函数的组合就构成了网络定义的总函数（复杂度更高）。第 3 章将会详细介绍神经网络是如何处理信息的。

1.2 什么是机器学习

机器学习算法相当于一个搜索过程，它从一组可能的函数中找出能够最好地解释数据集中不同特征之间的关系的那一个函数。为了直观理解从数据中提取或学习函数的过程，我们看一看下面这组输入某个未知函数（function）的样本值，以及这个函数相应的输出值。给定这些样本，我们应该选择哪一种算术运算（加法、减法、乘法或除法）才能最好地解释这个未知函数所定义的输入和输出之间的映射呢？

function（输入）= 输出

function(5, 5) = 25

function(2, 6) = 12

function(4, 4) = 16

function(2, 2) = 04

绝大部分人会同意乘法运算是最好的选择，因为它和我们观察到的输入与输出之间的关系（或映射）最为吻合：

$$5 \times 5 = 25$$

$$2 \times 6 = 12$$

$$4 \times 4 = 16$$

$$2 \times 2 = 04$$

在上面这个例子中选择最优函数很直观，无须计算机帮助就可以完成。然而，随着未知函数输入值个数的增多（可能会达到成百上千个）以及可选函数的增多，要从中选择最优函数就会变得越来越困难。此时，我们就需要使用机器学习方法来寻找能够与数据集中的模式相匹配的最优函数。

机器学习包含两个阶段：训练和推断。在训练阶段，机器学习算法对数据集进行处理，并为数据中的模式选择最匹配的函数。提取出来的函数将会以特定的形式编码在计算机程序中（比如 if-then-else 规则或特定方程的参数）。这种编码后的函数被称为模型，而对数据进行分析以提取函数的过程常被称为模型训练。本质上，模型就是编码成计算机程序的函数。但是，在机器学习中，函数和模型这两个概念联系非常紧密，人们常常会忽略它们之间的差异，而是互换使用这两个概念。

在深度学习中，函数与模型之间的关系表现为：训练过程中从数据集中提取的函数被表示成神经网络模型，而神经网络模型将函数编码为计算机程序。在训练神经网络的标准过程中，首先将神经网络中的参数进行随机初始化（后文我们会解释神经网络的参数，这里读者可以将它们简单地理解为能够控制神经网络如何工作的一组值）。从与数据集中样本的输入输出之间的关系的匹配情况而言，这样随机初始化的网络是非常不精确的。训练过程将会对数据集中的样本逐一进行处理：给定一个样本，将其输入网络，然后根据网络输出值与该样本在数据集中对应的目标输出值之间的差异对网络参数进行更新，以使网络能够更好地与数据集相匹配。一旦机器学习算法为需要解决的问题找到了足够精确的函数（也就是网络输出值能够与数据集中的目标输出值匹配），就可以结束训练过程，并输出最终得到的模型。此时，机器学习的学习过程也相应地停止。

训练过程结束后，模型也就固定了。接下来就可以进入机器学习的第二阶段——推断。在推断过程中，将模型应用到新样本上，而对于这些新样本，我们并不知道它们的正确输出值应该是多少，因此使用模型估计出它们的输出值。机器学习领域中的绝大部分研究都聚焦于如何训练精确的模型（也就是从数据中提取出精确的函数）。这是因为将训练好的机器学习模型部署到实际应用中，对大规模新样本进行推断，所需要的技巧和方法与典型的数据科学家所掌握的技巧和方法并不相同。工业界对大规模部署人工智能系统所需的特殊技巧的认识越来越多，人们对 DevOps 领域日益增长的兴趣便反映了这一点。DevOps 是描述软件开发人员和运维技术人员（运维技术人员的职责是将开发好的系统部署到实际应用中，并确保这些系统的稳定性和可扩展性）之间的合作的术语。表示机器学习系统运维的 MLOps 和表示人工智能系统运维的 AIOps 也常被用来反映部署训练好的模型时面临的挑战。关于模型部署的问题已超出本书的内容范围，本书将着重介绍深度学习是什么、能用来做什么、是如何演化的，以及如何训练精确的深度学习模型。

还有一个相关问题是：为什么从数据中提取的函数是有用的？这是因为从数据中提取的函数可被用于新的数据，将这些新数据输入提取的函数得到的输出值可为针对新数据的正确决策提供参考（也就是从数据中提取的函数可以用于推断）。回想一下函数的定义，简单地说，函数就是一个从输入到输出的确定性映射。这样简单的定义会给人们带来一些错觉，使人们看不到函数之间的复杂变化。以下是一些不同函数的例子。

- 垃圾邮件过滤器以邮件作为输入，输出值反映了输入邮件是否是垃圾邮件。
- 人脸识别模型的输入是一幅图像，输出是将图像中的人脸与其他部分区分开来的输入图像像素标注结果[⊖]。
- 基因预测模型接收基因组 DNA 序列数据作为输入，输出序列中编码了基因信息的部分。
- 语音识别模型的输入是语音音频信号，输出是该语音信号对应的文本内容。

⊖ 此处的人脸识别模型并不是通常意义上用于身份认证的人脸识别模型，而是人脸图像分割模型。——译者注

- 机器翻译以一种语言中的一句话为输入，输出它在另一种语言中对应的语句。

近年来之所以机器学习变得如此重要是因为很多领域中的很多问题的解都可以用函数来表示。

1.3 机器学习为何如此困难

即使借助计算机，还是会有很多因素造成机器学习的困难。首先，大部分数据集中的数据都含有噪声[1]，这导致与训练数据完全匹配的函数未必是最好的，因为它很可能学习到的是噪声信息。其次，可能的函数数量往往比数据集中的样本数量还多。在这种情况下，机器学习就成了一个不适定问题：已知的信息并不足以确定唯一的最优解；相反，有多个解都能与数据相匹配。下面，我们以算术运算（加、减、乘、除）的选择问题为例说明什么是不适定问题。已知以下数据：

function（输入）= 输出

function(1, 1) = 1

function(2, 1) = 2

function(3, 1) = 3

[1] 数据噪声是指损坏的或不正确的数据。数据噪声可能是由于损坏的传感器、错误的数据存取等原因造成的。

根据这些数据，未知函数显然更可能是乘法或除法，而不是加法或减法。然而，仅根据这些数据，我们无法判断未知函数究竟是乘法还是除法，因为这两种运算都能与给定的所有数据匹配。因此，这个问题就是一个不适定问题：根据问题中已知的信息无法确定唯一的最优解。

解决不适定问题的策略之一是收集更多的数据（样本），以期这些样本有助于区分正确的函数和其他可选的函数。然而，这个策略很多时候并不可行，因为要么根本无法获取更多的数据，要么数据获取的成本太高。为了克服机器学习任务的不适定性，机器学习算法对最优函数的特性做出假设，并将这些假设作为补充信息来指导对最优函数（或模型）的选择。因为从一组特定样本中总结出一般性规则的过程在逻辑学中被称为归纳推理，所以这些假设也被称为算法的归纳偏差[⊖]。比如，如果你生活中看到的天鹅都是白色的，你可能就会从这些样本中总结出如下的一般性规则：*所有的天鹅都是白色的*。机器学习算法正是根据特定样本（数据集）归纳（或者说提取）一般性规则（即函数），因此机器学习和归纳推理之间有着本质的联系。引起机器学习算法偏差的假设实际上也会导致归纳推理过程的偏差，这就是为什么将这些假设称为算法的归纳偏差。

综上，机器学习算法根据两种信息选择最优函数：数据

⊖ inductive bias 也译成归纳偏倚。——译者注

集和假设（归纳偏差），后者能够使算法更倾向于可选函数中的某一些函数，而不管数据集中的模式是什么样的。机器学习算法的归纳偏差相当于为算法提供了观察数据的特定视角。然而，正如现实世界中不存在适合所有情况的最好视角一样，也不存在适合所有数据集的最好归纳偏差。因为这个原因，很多不同的机器学习算法被提了出来，它们使用各不相同的归纳偏差，这些归纳偏差对应的假设强度不一。假设越强，算法选择适合数据集中的模式的函数的自由度就越小。某种意义上，数据集与归纳偏差之间是相互妥协和平衡的关系：使用强假设的机器学习算法在选择函数的时候会更多地忽略数据集的影响。例如，如果机器学习算法被设置成更倾向于简单函数，那么无论数据中的模式多么复杂，它都会产生强的归纳偏差。

第 2 章将介绍如何使用直线方程来定义函数。直线方程是一类非常简单的数学函数。使用直线方程作为函数的模板结构对数据集进行拟合的机器学习算法假设生成的模型将输入到输出的关系编码成简单的线性映射。这一假设就是一种归纳偏差，事实上还是一种强归纳偏差，因为无论数据中的模式多么复杂（或非线性），算法都将使用线性模型进行拟合（从而产生偏差）。

如果机器学习算法用错了偏差，就可能出现两种错误中的一种。第一种错误是，偏差过强导致算法忽略了数据中的重要信息，提取得到的函数无法刻画数据中实际模式的细微差别。换句话说，相对于数据所在的域[1]而言，函数过于简单了，其输出并不精确。这一现象被称为函数对数据欠拟合。相反，如果偏差太弱（或者说太宽容），算法就会有极大的自由度来选择函数以尽量拟合数据。这种情况下，相对于数据所在的域而言，提取得到的函数又过于复杂了，导致函数把训练算法时所用的数据中的噪声也拟合了。拟合了训练数据中的噪声的函数在处理新数据（不在训练集中的数据）时，其泛化能力会降低。这一现象被称为函数对数据过拟合。找到能够在给定域中的数据和归纳偏差之间实现合适的平衡的机器学习算法是学习对数据既不欠拟合也不过拟合且能在该域中成功泛化（即能够在推断时准确处理不在训练集中的新样本）的函数的关键。

然而，即便对于足够复杂且适合使用机器学习的域，也不可能事先知道使用哪些假设能够从数据中发现正确的模型。因此，数据科学家必须运用他们的直觉（或者说需要做出合理的猜测），并通过试错实验找到最适合给定域的机器学习算法。

神经网络的归纳偏差相对较弱。因此，一般而言，深度学习的风险在于其神经网络模型会对数据过拟合，而非欠拟

[1] 域是指我们用机器学习方法要解决的问题或任务，例如垃圾邮件过滤、房屋价格预测、X射线自动分类。

合。这是因为神经网络非常依赖数据，所以它们也最适合于大规模数据集的场景。数据集越大，数据提供的信息也就越丰富，因而，越依赖于数据的模型对数据也越敏感。事实上，在过去十年间推动深度学习兴起的最重要因素之一就是大数据的出现。通过线上社交平台和大量普及的传感器能够获取海量数据，这些数据为训练神经网络模型提供了必要的数据，从而开辟了一系列领域中的新应用。深度学习研究中使用的大数据是什么概念呢？以脸书的人脸识别软件（DeepFace）为例，它的训练数据集包含了来自4000多人的400万张人脸图像[49]。

1.4 机器学习的关键要素

前文有关确定一组输入和输出数据之间的算术运算关系的例子说明了机器学习的三大关键要素：

1. 数据（已知的一组样本）。

2. 函数集，算法从函数集中找出与数据最匹配的函数。

3. 拟合度度量，衡量函数集中的每一个函数能够在多大程度上与数据相匹配。

机器学习想要成功，上述三个要素就必须是正确的。接下来，我们逐一详细介绍这三个要素。

前文已介绍了数据集的概念：数据集是一个二维表格（或

$n \times m$ 的矩阵）[1]，其中每一行包含一个样本的信息，而每一列则是对应域中的一个特征的信息。例如，表 1-2 将本章第一个算术运算函数例子中的输入输出样本表示成了数据集的形式。该数据集含有四个样本（也称为实例），每个样本由两个输入特征和一个输出（或目标）特征表示。设计和选择表示样本的特征是机器学习中一个非常重要的步骤。

表 1-2　一个简单的用表格表示的数据集

输入特征 1	输入特征 2	目标特征
5	5	25
2	6	12
4	4	16
2	2	04

与计算机科学和机器学习中的常见情形一样，特征选择也需要做出某种权衡。如果我们在数据集中仅包含最少数量的特征，那么一些有用的特征就可能被排除在数据之外，从而导致机器学习算法提取的函数无法有效运行。相反，如果我们使用尽可能多的特征，那么数据中就可能会包含无关的或者冗余的特征，这同样也会导致提取的函数无法有效运行。引起以上问题的一个原因是使用的无关或冗余特征越多，机器学习算法就越有可能从这些特征之间的错误相关性中提取

[1] 有一些场景需要更加复杂的数据集表示形式。以时间序列数据为例，有时可能会用由沿着时间轴的一系列二维矩阵构成的三维张量形式表示，其中时间轴为一个维度，每个二维矩阵表示某个时间点上的系统状态。所谓张量（tensor），是将矩阵（matrix）概念推广到更高维度的形式。

模式。这种情形下，算法会无法区分数据中的真实模式和仅在数据集特定样本中才存在的错误模式。

要为数据集找到正确的特征，需要熟悉相关领域的专家参与，需要对每个特征的分布和特征之间的相关性进行统计分析，还需要不断试错和检验模型使用或不使用特定特征时的性能。这样的数据集设计过程通常耗时耗力，但却是机器学习成功的关键。事实上，找出对于给定任务来说有用的特征通常正是机器学习的真正价值所在。

机器学习的第二个要素是候选函数集，算法将这些函数视为对数据中模式的潜在解释。在前文的算术运算函数的例子中，候选函数被限定为四种：**加法、减法、乘法、除法**。通常而言，候选函数集由机器学习算法的归纳偏差和所使用的函数表示形式（或模型）决定。例如，神经网络模型就是一种非常灵活的函数表示形式。

机器学习的第三个也是最后一个要素是拟合度度量。拟合度度量也是一个函数，它的输入是机器学习算法将某个候选函数应用到数据上得到的输出值，它将该值以某种方式与数据对应的目标输出值相比较，比较结果反映了该候选函数能够与数据相拟合的程度。针对前文的算术运算函数的例子，一个有效的拟合度度量是统计候选函数的数据输出值与其目标输出值相匹配的样本数量。根据这样的拟合度度量函数，乘法运算的拟合度为4，加法运算的拟合度为1，而除法和减法的拟合度为 0。在机器学习中有很多拟合度度量函数可用，从中选择正确的拟合度度量函数是机器学习成功的关键。设计新的拟合度度量函数是机器学习研究中一个非常活跃的方向。根据数据集表示形式、候选函数和拟合度度量函数的定义，机器学习算法可以分为三类：有监督学习、无监督学习和强化学习。

1.5　有监督学习、无监督学习和强化学习

有监督的机器学习（简称有监督学习）是最常见的一类机器学习。在有监督学习中，数据集中的每一个样本都被标注好了相应的输出（目标）值。以表 1-1 中的数据集为例，学习从年收入和负债到信贷偿还能力评分的映射函数，信贷偿还能力评分就是目标值。为了使用有监督学习，必须给出数据集中每一个样本的目标值。有时候，要标注目标值可能会非常困难，或者成本非常高。一些情况下，不得不请专家为数据集中的每一个样本标注正确的目标值，并为此支付给他们一定的报酬。为数据集中的样本标注目标值的好处就是机器学习算法可以利用这些目标值进行学习。在学习过程中，算法将某个函数的输出值与数据标注的目标值相比较，根据两者之间的差异（或误差）计算出该函数的拟合度，再使用得到的拟合度来指导最优函数的选择。由于这类机器学习算

法使用了数据集中标注的目标值，所以它们被称为有监督的机器学习。前文选择算术运算函数的例子就属于这类有监督学习。

无监督的机器学习（简称无监督学习）通常用于数据聚类。比如，一家公司希望将它的顾客分成不同的组，以便为每一组顾客进行针对性的目标市场营销或者产品定制。在无监督学习中，数据集中并没有给出目标值。因此，算法无法直接根据目标值计算候选函数的拟合度。相反，机器学习算法尽量寻找能将相似的样本映射到相同的簇的函数，以使得同一个簇中的样本的相似度高于不同簇中的样本的相似度。注意，这里的簇并不是预先定义好的，至多也只是进行了非常不精确的初始化。例如，数据科学家可以根据数据域的具体情况设定算法需要找到的簇的数量，但是并不能显式地给出簇的大小或每一个簇中样本的特点。无监督学习算法的一般步骤是，首先初始化簇中的样本，然后对簇进行迭代调整（将某些样本从一个簇移到另一个簇）以提高簇对数据的拟合度。无监督学习使用的拟合度度量函数通常会赋予那些使得相同簇中的样本相似度更高且不同簇中的样本差异更大的候选函数更高的拟合度。

强化学习更多地用于在线控制任务，例如机器人控制和博弈游戏。在这类任务中，代理需要学会如何根据所处的环境采取合适的行为以获得收益。在强化学习中，代理的目标就是学习从对当前环境的观测和自身的内部状态（即其记忆）到它应该采取的行为之间的映射：比如，机器人应该前进还是后退，国际象棋计算机程序应该走卒还是吃掉对方的王后。代理的策略（即函数）的输出就是代理根据当前情况下一步应该采取的行为。要为这类任务创建历史数据集非常困难，因此，强化学习常常是以*在线实时方式*进行的：将代理置于实验环境中，并赋予其不同的策略（开始时，一般采用随机策略），随后根据环境给予它的反馈不断更新其策略。当某个行为导致了正激励反馈时，从相关的环境观测及状态到该行为的映射就会被代理的策略采纳；反之，如果反馈是负面的，代理的策略就会减少使用该映射。与有监督和无监督学习不同，强化学习的学习过程是在线和实时的，这意味着它的训练和推断是不断交替进行的。代理决定下一步需要采取的行为，同时根据来自环境的反馈学习如何更新其策略。强化学习的一个独特之处在于学习到的函数的目标输出（也就是代理的行为）与激励机制之间是解耦的。代理收到的激励取决于多个行为，有可能在采取某个行为后代理并不能立即收到不管是正面还是负面的激励反馈。例如，在国际象棋中，当代理赢得比赛时激励为+1，而输掉比赛时激励为-1。然而，在比赛进行到最后一步之前这样的激励反馈并不存在。因此，强化学习面临的挑战之一就是训练机制的设计，强化学习的训练机制需要能够将一系列行为后的激励适当反馈给代理，以使代理能够恰当地更新其策略。谷歌的 DeepMind 技术通过用强化学习技术训练深度学习模型来为七种不同的 Atari 电脑游戏学习控制策略[33]，因而吸引了很多人的关注。该系统的输入是电脑显示器上的原始像素值，而它的控制策略会指出代理在游戏中的每一步需要对操纵杆执行的动作。电脑游戏代理可以与电脑游戏系统进行数千场比赛，从中学到成功的策略，而无须承担创建和标注含有正确操纵杆动作的大规模数据集所需的成本，因而电脑游戏特别适合采用强化学习。对于上述七种游戏中的六种，DeepMind 系统击败了之前所有的计算机系统，甚至在其中的三种游戏中还击败了人类选手。

深度学习适用于上述三类机器学习：有监督学习、无监督学习和强化学习。考虑到有监督学习是最常用的一类机器学习，本书的大部分内容将会聚焦于有监督学习中的深度学习。但是，其中涉及的深度学习的大多数要点和原理同样适用于无监督学习和强化学习。

1.6 深度学习为何如此成功

决定任何一种数据驱动过程能否成功的首要因素是搞清楚数据需要测量的是什么，以及应该如何测量。这就是为什么在机器学习中特征的选择和设计是如此重要。如前文所述，特征的选择和设计往往需要领域专家的参与，需要对数据进行统计分析，需要反复用不同的特征集合进行建模实验。因此，一个项目的大部分时间和资源可能都用在设计和准备数据上了，有时候甚至要花去整个项目预算的 80% 之多[24]。对于特征设计任务，深度学习相比于传统机器学习具有显著优势。在传统机器学习中，特征设计常常会耗费大量的人力。深度学习则另辟蹊径，直接从原始数据中自动学习用于解决问题的最有用的特征。

以人体体质指数（BMI）为例，BMI 是人体体重（以千克为单位）与身高（以米为单位）平方之比。在医疗领域，BMI 用于将人群分为偏瘦、正常、偏胖和肥胖四类。这样的分类方式有助于预测人们因肥胖而引起疾病（如糖尿病）的可能性，能够帮助医生进行相关的诊断。一般而言，人们的体重是随着身高的增加而增加的。然而，很多由体重引起的健康问题（如糖尿病）并不受身高的影响，而取决于人们与身高相近的人相比偏胖的程度。BMI 考虑了人体身高对体重的影响，因而对于根据体重区分人们健康状况而言是一个有用的特征。BMI 是由 Adolphe Quetelet 于 18 世纪手工设计出来的一种根据原始特征推算（或计算）出来的特征，其对应的原始特征是体重和身高。BMI 很好地说明了推算出来的特征往往比原始特征更有用。

决定任何一种数据驱动过程能否成功的首要因素是搞清楚数据需要测量的是什么，以及应该如何测量。

如前所述，一个机器学习项目的很多时间和精力都用在了确定、设计能够有助于完成项目任务的派生特征上。深度学习的优势在于它能够自动从数据中学到有用的派生特征（本书的后续章节将会介绍它是如何做到这一点的）。事实上，在有足够大的数据集的前提下，已经证明深度学习能够非常有效地学习特征，深度学习模型已经比很多使用手工设计的特征的机器学习模型更精确。这也是为什么对于样本特征维度非常高（或者说特征的数量非常多）的问题深度学习非常有效。从技术上来说，包含大量特征的数据集被称为高维数据集。例如，如果对照片中的每一个像素使用一个特征来表示，这样的照片数据集就是一个高维数据集。对于复杂的高维问题，想要手工设计特征异常困难：可以想象一下人脸识别和机器翻译中手工设计特征所面临的挑战。因此，在这些复杂问题中，采用从大规模数据中自动学习特征的策略更有意义。同这样的自动学习有用特征的能力相关的是，深度学习还能学习输入与输出之间复杂的非线性映射。在第 3 章中，我们将介绍什么是非线性映射，而在第 6 章中，我们将介绍如何从数据中学习非线性映射。

1.7　本章小结及本书内容安排

本章在机器学习的大背景下介绍了深度学习。为此，本章的很多内容是关于机器学习的。特别地，本章介绍了函数的概念（即函数是从输入到输出的确定性映射）和机器学习的目标（即找到能与数据集中样本的输入特征到输出特征的映射相匹配的函数）。

在此背景下，深度学习被看成了机器学习的一个子领域，它聚焦于设计和评估当代神经网络的模型架构及训练算法。在机器学习中，深度学习的一大特别之处是它进行特征设计的方法。在大部分机器学习项目中，特征设计是一项人力密集型任务，它往往需要丰富的领域知识，需要投入大量时间和金钱。与此不同的是，深度学习能够从底层的原始数据学到有用的特征，以及从输入到输出复杂的非线性映射。尽管这样的能力依赖于大规模数据集，但是只要有大规模数据集，深度学习就常常比其他机器学习方法表现得更好。此外，也正是因为这种从大规模数据集中学习有用特征的能力，深度学习才能在解决机器翻译、语音处理以及图像或视频处理等复杂问题时生成非常精确的模型。某种意义上，深度学习释放了大数据的潜能。由此引发的最显著的影响是深度学习模型与消费产品的结合。然而，使用深度学习对海量数据进行分析也暗藏着对我们个人隐私以及公民自由的影响[24]。因此，理解深度学习是什么、它的工作原理以及它能做什么与不能做什么非常重要。本书剩余章节的内容安排如下：

- 第 2 章介绍深度学习的一些基本概念，包括什么是模型，如何使用数据设置模型的参数，以及如何通过组合简单模型创建复杂模型。

- 第 3 章介绍什么是神经网络，包括神经网络的工作原理，以及什么是深度神经网络。
- 第 4 章介绍深度学习的历史。介绍的重点是在概念和技术方面对机器学习领域的发展起了重要作用的主要突破。这一章特别介绍了深度学习近年来能够发展得如此迅速的背景和原因。
- 第 5 章以目前最流行的卷积神经网络和循环神经网络这两种深度神经网络架构为例介绍深度学习领域的现状。卷积神经网络是处理图像和视频数据的理想方法，而循环神经网络则是处理像音频、文本和时序数据这样的序列数据的理想方法。弄清楚这两种网络架构之间的异同既能帮助我们理解如何根据特定类型数据的特点设计深度神经网络，又能帮助我们认识到神经网络架构设计中有多少可能。
- 第 6 章介绍神经网络的训练方法，即梯度下降和反向传播算法。对这两种算法的理解能够让你真正了解人工智能。例如，为什么当有了足够数据时，对于明确定义的问题中的特定任务，计算机经训练后能够比人类做得还好，但是让人工智能实现更加通用形式的智能却依然是一个尚未解决的挑战。

- 第 7 章展望深度学习领域的未来。这一章总结了当前推动深度学习发展的主要趋势，以及这些趋势在未来几年将会如何影响深度学习的发展。这一章还讨论了深度学习领域面临的一些挑战，特别是如何理解和解释深度神经网络的运行机理。

2

第 2 章

预备知识

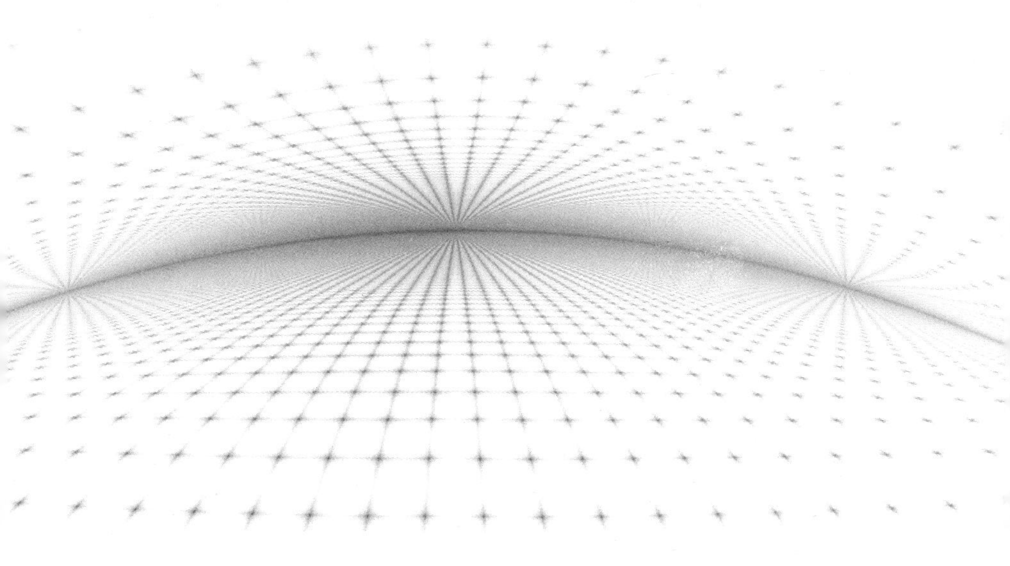

本章将以通俗易懂的方式介绍深度学习的一些基础概念，这些概念在深度学习中有对应的技术术语，后续章节会详细介绍它们。

深度学习网络是受人脑结构启发而形成的数学模型（尽管这一说法并不是那么严谨）。因此，要理解深度学习，最好先对以下内容有所了解：什么是数学模型，如何设置模型的参数，如何组合（或构造）模型，以及如何从几何的角度理解模型处理信息的方法。

2.1 什么是数学模型

简单而言，数学模型是描述一个或多个输入变量与一个输出变量之间的关系的方程。在这一意义下，数学模型等同于函数，也就是从输入到输出的映射。

在讨论与模型有关的问题时，记住 George Box 的这句话很重要：*所有的模型都是错误的，但它们中有一些是有用的！*一个模型要想有用，就必须能与现实世界中的某些概念相匹配。变量的含义是理解模型与现实世界间的匹配关系的最好例子，譬如，78 000 单独作为一个数值并没有什么意义，因为它与具有实际意义的概念没有对应关系。但是，如果我们说*年收入是 78 000 美元*，那么 78 000 就不仅仅是一个数值，它描述了某个具有实际意义的方面。一旦模型中的变量有了含义，我们就可以将模型理解成对某个过程的描述，而现实世界中的不同因素正是通过这样的过程相互作用，从而产生作为模型输出的新事件。

直线方程便是一种非常简单的数学模型：

$$y = mx + c$$

在该方程中，y 是模型的输出变量，x 是输入变量，而 m 和 c 则是模型的两个参数，这两个参数定义了模型所描述的输入和输出之间的关系。

假设年收入会影响人们的幸福指数，那么如何描述年收入和幸福指数这两个变量之间的关系呢[⊖]？我们可以使用上述直线方程，也就是：

$$\text{幸福指数} = m \times \text{收入} + c$$

这样的模型是有意义的，因为其中的变量（注意不是模型的参数）能够对应于现实世界中的某些概念。要得到完整的模型，我们还必须设置好模型参数的值，也就是 m 和 c 的值。图 2-1 展示了当每个参数的取值改变时该模型定义的收入与幸福指数之间的关系是如何变化的。

图 2-1 中的一个重要现象是无论怎么设置模型参数，该模型定义的输入与输出变量之间的关系都可以用一条直线表示。这并不奇怪，因为我们使用了直线方程来定义模型，而

⊖ 研究表明存在一个临界点，在该临界点以下年收入与幸福指数呈线性关系，而一旦年收入超过了这个临界点，更多的钱也不能增加幸福指数。根据 Kahneman 和 Deaton（2010）的研究，在美国这个临界点是 75 000 美元。

基于直线方程的数学模型也被称为线性模型。图中的另一个重要现象是模型参数的改变对收入与幸福指数之间的关系的影响。

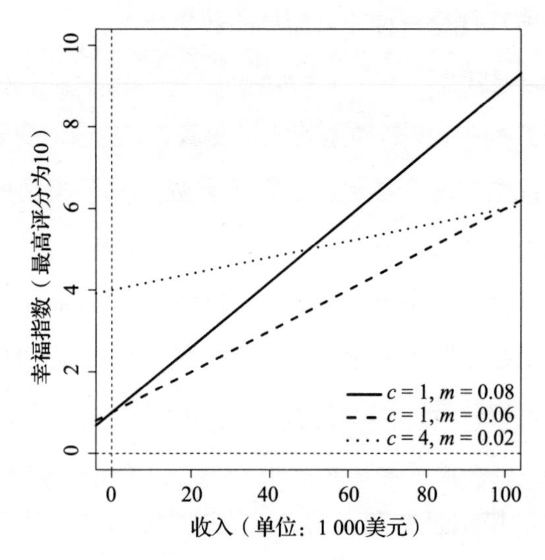

图 2-1　描述收入对幸福指数的影响的三种线性模型

图中比较陡峭的实线的参数是 c=1，m=0.08。它对应的现实世界中的模型表示零收入人群的幸福指数为 1，而收入的增长能够显著提升其幸福指数。图中虚线的参数是 c=1，m=0.06。它对应的模型表示零收入人群的幸福指数为 1，随着收入的增长，其幸福指数也会增加，但是速度比实线对应的模型要小。最后，图中点线的参数是 c=4，m=0.02。它对应的模型表示没有谁的幸福指数是 0，即便是没有收入的人，其幸福指数也是 4，而且，尽管收入的增长也会影响其幸福指数，但是影响并不显著。最后这个模型其实假设了收入对幸福指数的影响相对较弱。

图 2-1 中三个模型的差异反映了线性模型参数的变化对模型的影响。c 的变化会导致直线向上或向下移动。这一点反映在 y 轴上就是：模型定义的直线总是与 y 轴相交于等于 c 值的地方。线性模型中的参数 c 因此也被称为截距。截距其实是当输入变量等于 0 时输出变量的值。参数 m 的改变会引起直线倾斜角度（或斜率）的变化。斜率体现了幸福指数随着收入的变化而变化的快慢。斜率值某种意义上衡量了收入对于幸福指数的重要程度。当收入非常重要（也就是说即使收入有很小的变化，幸福指数也会发生较大的变化）时，模型的斜率参数应该设置为较大的值。另一种理解是，线性模型的斜率参数反映了输入变量在决定输出值时的重要性或权重。

2.2　含有多个输入的线性模型

直线方程也可用于输入变量不止一个的数学模型。假设你是金融机构的信贷员，需要对贷款申请进行评估，以决定是否给予批准。通过咨询领域专家，你发现评估一个人的信贷偿还能力的比较好的方法是同时考虑年收入和当前负债情况。假设这两个输入变量和信贷偿还能力之间为线性关系，那么一个合适的数学模型是：

信贷偿还能力 = (收入 × 收入的权重)

+ (负债 × 负债的权重) + 截距

注意，在该模型中参数 m 被替换成每个输入变量对应的独立权重，表示相应的输入在决定输出时的重要性。如果使用数学符号表示，上述模型可写成：

$$y = (\text{input}_1 \times \text{weight}_1) + (\text{input}_2 \times \text{weight}_2) + c$$

其中 y 表示输出，即信贷偿还能力，input_1 表示第一个输入变量，即收入，input_2 表示第二个输入变量，即负债，而 c 表示截距。通过给模型的每个新输入赋予一个新权重，我们可以给直线方程定义任意多个输入变量。这样，模型在由输入和输出变量定义的空间中仍然是线性的，空间的维度由输入和输出变量的个数决定。比如，具有两个输入变量和一个输出变量的线性模型定义了一个平面而非直线，这也是二维直线推广到三维空间中的形式。

含有多个输入的数学模型写出来往往很乏味，因而数学家喜欢用尽可能简洁的形式表达数学模型。基于这一考虑，上述方程有时会写成如下的精简形式：

$$y = \sum_{i=1}^{n} (\text{input}_i \times \text{weight}_i) + c$$

根据该公式，为了计算输出变量 y，我们需要首先遍历全部 n 个输入，将每一个输入与其对应的权重相乘，并把得

到的 n 个乘积相加，最后再将得到的和与截距 c 相加作为最终的输出。符号 Σ 表示使用加法将乘积的结果组合起来，索引 i 表示将每一个输入与相应的权重相乘。如果将截距也看成权重，我们还能使上述方程更加简洁。为此，假设有一个恒等于 1 的输入 input_0，而截距就是该输入的权重，即 weight_0。在此假设下，上述模型可以写成：

$$y=\sum_{i=0}^{n}(\text{input}_i \times \text{weight}_i)$$

注意，此时索引从 0 而不是 1 开始，因为我们假设有一个额外的输入 $\text{input}_0=1$，而且将截距作为它的权重 weight_0。

虽然线性模型可以用多种形式表示，但是其核心思想都是一样的：**输出是 n 个输入与对应权重的乘积之和**。因而线性模型定义了一类称为**加权和**（weighted sum）的运算，这类运算对每一个输入进行加权，并计算加权结果的和。加权和虽然简单，但是在很多情况下却非常有用，并且是神经网络中每个神经元使用的基本运算。

2.3　线性模型的参数设置

让我们回到对申请贷款人员的信贷偿还能力进行评估的模型上来。为了表述上的简洁，在以下讨论中我们忽略截距，而将它与其他参数进行同样的处理（即作为输入的权重）。因此，我们得到如下表示一个人的收入和负债与其信贷偿还能所谓加权和（weighted sum），是指将输入与权重相乘，然后再求和。

力之间的关系的线性模型（或加权和）：

信贷偿还能力 =（收入 × 收入的权重）

+（负债 × 负债的权重）

为了完成这一模型的构建，我们还需要确定模型的参数值，也就是每个输入的权重值。确定参数值的一种方法是利用领域知识。

例如，假设收入的增长比同等幅度的负债增长对信贷偿还能力的影响更大，那么赋予收入的权重就应该比负债的更大，就像下面的模型（其中收入的权重是负债的权重的三倍）：

信贷偿还能力 =（收入 × 3）+（负债 × 1）

根据领域知识设置模型权重的缺点是，不同领域专家的看法常常各不相同。比如，某个专家或许认为收入的重要度是负债的三倍并不符合实际，应该对模型进行调整，比方说将收入和负债的权重设置成相同的值，这等于说收入和负债在评估信贷偿还能力中的重要性是一样的。避免这样的专家之间的争论的一种方法就是根据数据选择合适的参数值，此时机器学习就可以发挥作用了，而机器学习所做的便是利用数据找出模型的参数（或权重）值。

2.4 从数据中学习模型参数

本书后续章节将会具体介绍用于学习线性模型权重的标

机器学习所做的就是利用数据找出模型的参数（或权重）值。

准算法，即梯度下降算法。这里，我们先对这一算法进行简单的说明。假设有一个包含一组样本的数据集，每个样本同时含有输入值（收入和负债）与输出值（信贷偿还能力），如表 2-1 所示[⊖]。

表 2-1 有关贷款申请者及其信贷偿还能力评分的数据集

编号	年收入 /$	当前负债 /$	信贷偿还能力
1	150	–100	100
2	250	–300	–50
3	450	–250	400
4	200	–350	–300

在学习权重的过程中，我们首先为每个权重估计初始值，而这样估计的初始模型很有可能是一个很差的模型。但是这没有关系，因为我们将利用数据对权重进行迭代更新，以使模型变得越来越好，与数据越来越匹配。在下面的例子中，我们就使用前文提到的模型作为初始模型（即预估的模型）：

$$\text{信贷偿还能力} = (\text{收入} \times 3) + (\text{负债} \times 1)$$

改进模型权重的一般过程是从数据集中选择一个样本，将该样本的输入值输入模型，得到模型对该样本输出值的估计，再将数据集中该样本的目标输出值减去该估计值得到模型的估计误差，最后根据该误差使用下述策略或学习规则对

⊖ 这与第 1 章表 1-1 中的是同一个数据集，在此重复只是为了方便阅读。

模型权重进行更新以提升模型对数据的拟合度：

- 当误差为 0 时，不改变模型权重值。
- 当误差为正时，模型估计的输出值偏小了，因此我们需要增大样本输入中正值分量的权重，同时减小负值分量的权重，从而使模型对该样本的输出值增大。
- 当误差为负时，模型估计的输出值偏大了，因此我们需要减小样本输入中正值分量的权重，同时增大负值分量的权重，从而使模型对该样本的输出值减小。

下面我们以表 2-1 中第一个样本（收入 =150，负债 =–100，信贷偿还能力 =100）为例，说明如何评估模型的精度，以及如何根据模型的误差更新权重。

$$
\begin{aligned}
\text{信贷偿还能力} &= (\text{收入} \times 3) + (\text{负债} \times 1) \\
&= (150 \times 3) + (-100 \times 1) \\
&= 350
\end{aligned}
$$

将该样本的输入值输入模型，我们可以估计出其信贷偿还能力为 350。该值比数据集中该样本的信贷偿还能力（即 100）大很多。此时，模型的误差为负（100–350=–250），根据上述学习规则，我们需要减小正值输入分量的权重，同时增大负值输入分量的权重，从而减小模型的输出值。在这个例子中，输入中的收入值是正值，而负债值是负值。假设我们将收入的权重减小 1，而将负债的权重增大 1，新的模型如下：

$$信贷偿还能力 = (收入 \times 2) + (负债 \times 2)$$

为了检验更新后的权重是否改进了模型，我们检查新模型是否能够比旧模型更好地对样本进行估计。利用上面的新模型对样本进行处理，可以得到：

$$\begin{aligned} 信贷偿还能力 &= (收入 \times 2) + (负债 \times 2) \\ &= (150 \times 2) + (-100 \times 2) \\ &= 100 \end{aligned}$$

此时，模型估计出的信贷偿还能力与数据集中的值完全一致，这意味着更新后的模型能够比原有模型更好地拟合训练集中的数据。事实上，在这个例子中，新模型能够准确地生成数据集中所有样本的输出值。

在上述例子中，权重仅更新了一次就能使模型的行为与数据集中的全部样本相一致。然而，为了得到一个好的模型，我们往往需要多次将样本输入模型并更新权重。此外，为了简洁，在上述例子中，我们还进一步假设通过将权重值增大或减少 1 的方式对权重进行迭代更新。一般而言，在机器学习中，计算每个权重更新量的多少比这个要复杂得多。抛开上述例子和实际机器学习间的这些差异不谈，这里介绍的为了使模型与数据集相拟合而对模型权重（或参数）进行更新的一般过程是深度学习中的核心学习过程。

2.5 模型的组合

我们现在已经知道如何定义一个评估申请人信贷偿还能力的线性模型，以及如何修改模型参数以使模型与数据相拟合。然而，作为一名信贷工作人员，我们并不仅仅为了计算申请人的信贷偿还能力，还需要决定是否批准申请人的贷款申请。换句话说，我们需要一个规则来根据信贷偿还能力决定是否批准贷款申请。例如，规定信贷偿还能力超过200的人可以获得贷款。这样的决策规则也是一种模型，它将输入变量（也就是信贷偿还能力）映射到输出变量（即是否批准贷款的决定）。

我们可以使用这样的决策规则对贷款申请做出裁决：首先使用信贷偿还能力模型将贷款申请人的信息（即年收入和负债）转换成信贷偿还能力评分，再将该评分输入决策规则模型得到对其贷款申请的裁决结果。上述过程可以用伪数学形式简写如下：

贷款申请的裁决结果 = 决策规则

（信贷偿还能力 =（收入 × 2）+（负债 × 2））

基于这样的简写形式，针对表2-1中第一个样本的贷款申请裁决过程为：

贷款申请的裁决结果

= 决策规则（信贷偿还能力 =（收入 × 2）+（负债 × 2））

= 决策规则（信贷偿还能力 =（150 × 2）+（−100 × 2））

= 决策规则（信贷偿还能力 = 100）

= 拒绝

现在我们可以使用模型（由两个简单模型——决策规则与加权和组成）来裁决是否批准贷款申请。此外，如果我们根据过往的贷款申请数据设置模型的参数（即权重），得到的模型将取决于我们以前是如何处理贷款申请的。这样做是有益的，因为我们能够使用该模型以一贯的方式处理新的贷款申请。当收到新的贷款申请时，我们可以简单地使用该模型对其进行处理，并给出裁决。将数学模型应用于新样本的能力就是数学建模如此有用的原因。

将一个模型的输出用作另一个模型的输入，我们就能通过组合这两个模型构建出第三个模型。这样一种通过组合较小、较简单的模型构建复杂模型的策略便是深度学习网络的核心思想。正如我们在后面将会看到的，一个神经网络是由很多个称为神经元的小单元组成的。每一个神经元本身就是一个将一组输入映射为一个输出的小模型。神经网络实现的整体模型将第一组神经元的输出输入第二组神经元，再将第二组神经元的输出输入第三组神经元，依此类推，直到得到模型的最终输出。这里的核心思想是：将一些神经元的输出作为另一些神经元的输入，使得后续神经元能在前驱神经元得到的部分解的基础上，学习解决神经网络要解决的整体问题的其他部分。这种方法和信贷申请中的决策规则类似，即在信贷偿还能力模型评估结果的基础上对贷款申请做出最终裁决。后续章节还会再讨论有关模型组合的内容。

2.6 输入空间、权重空间和激活空间

虽然数学模型可以用方程来表示，但是理解模型背后的几何意义非常有用。例如，图 2-1 中的直线能够帮助我们理解线性模型参数的变化如何改变模型定义的变量之间的关系。在神经网络领域，有很多几何空间值得我们去理解和区分它们之间的差异。这些几何空间包括神经元的输入空间、权重空间以及激活空间。下面我们使用前面定义的贷款申请决策模型来解释这三类空间。

我们首先介绍输入空间的概念。贷款决策模型有两个输入：申请人的年收入和当前负债。表 2-1 给出了四个贷款申请案例的输入值。将每个输入变量作为一个坐标轴，可以在相应的坐标系中绘制出贷款决策模型的输入空间。这个坐标系空间就是输入空间，其中的每一个点定义了模型的一组可能的输入值组合。图 2-2 左上角的散点图展示了四个贷款申请案例在模型输入空间中的位置。

模型的权重空间给出了模型能够使用的所有可能的权重组合。将模型的每一个权重作为一个坐标轴，就可以在相应的坐标系中画出模型的权重空间。贷款决策模型仅有两个权重，一个是年收入的权重，另一个是当前负债的权重。因此，该模型的权重空间是二维的。图 2-2 右上角的插图展示了贷款决策模型的一部分权重空间，其中标出了模型 (2，2) 使用

的权重组合在权重空间中的位置。在该坐标系中每一个点对应于模型能够使用的一组权重值，即一个加权和函数。因此，从这样的权重空间中的一个点移动到另一个点，将会改变模型定义的输入到输出的映射，从而也就改变了模型本身。

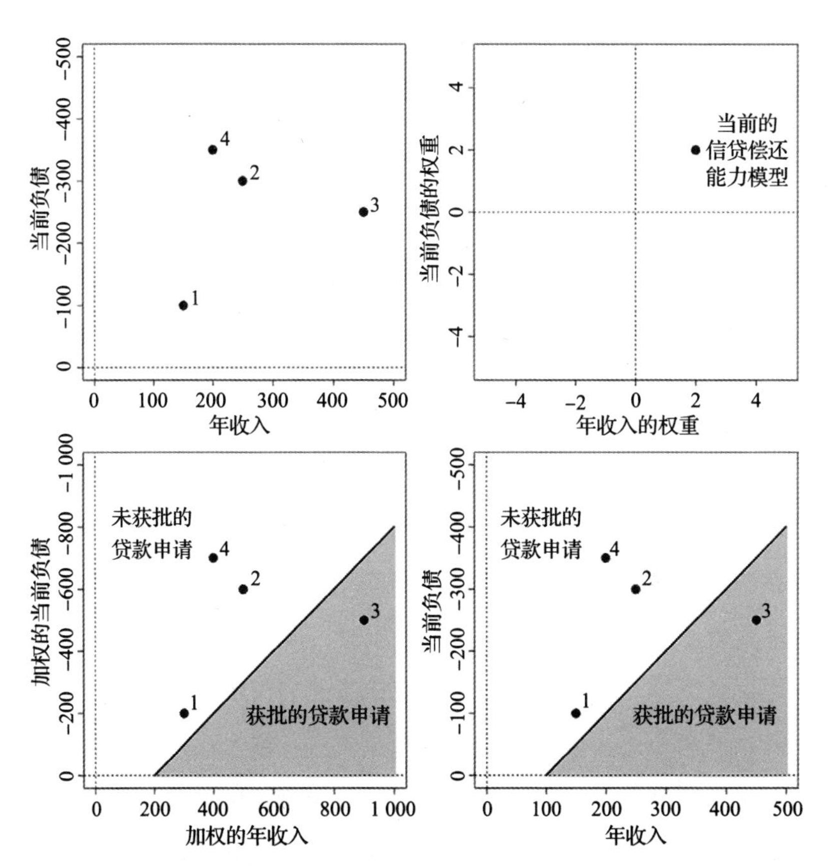

图 2-2　与贷款决策模型相关的四个不同的坐标系空间：左上角为输入空间，右上角为权重空间，左下角为激活（或决策）空间，右下角为画出了决策边界的输入空间

线性模型通过对输入的加权和计算，将一组输入值映射到新空间中的一个点：将每个输入与一个权重相乘，再求这些乘积的和。在贷款决策模型中，我们就是在这样的新空间中应用决策规则的。我们本可以将该空间称为决策空间，但是却将其称为激活空间，我们将会在下一章介绍神经元结构时说明这样做的原因。模型激活空间的坐标轴对应于模型的加权输入。因此，激活空间中的每一个点定义了一组加权输入。将决策规则（比如信贷偿还能力超过200的人可以获得贷款）应用于激活空间中的每一个点，并记录下相应的决策结果，就可以画出模型在激活空间中的决策边界。决策边界将激活空间中的点分成两部分，一部分超过了阈值，另一部分低于阈值。图2-2左下角的插图展示了贷款决策模型的激活空间。表2-1中的四个贷款申请案例在激活空间中的投影位置也被标了出来。图中的黑色对角线就是决策边界。根据该决策边界的阈值，3号贷款申请获批了，而其他申请都未能获批。我们还可以将决策边界投影回原输入空间，这可以通过记录输入空间中的每一个点在通过加权和函数映射到激活空间后位于决策边界的哪一侧来实现。图2-2右下角的插图给出了利用上述方法得到的原输入空间中的决策边界（注意坐标轴的变化）。下一章介绍调整神经元参数以改变输入组合，进而使神经元输出更高激活值时，我们将再次讨论有关权重空间和决策边界的概念。

2.7 本章小结

本章主要介绍了线性数学模型。线性模型，不管是用方程表示，还是用直线图表示，描述的都是一组输入和一个输出之间的关系。然而，并不是所有的数学模型都是线性的，因而本书也会介绍非线性模型。尽管如此，输入的加权和这一基本运算构成了线性模型的核心要素。本章介绍的另一项重要内容是线性模型（加权和）有一组参数，也就是加权和中用到的权重。改变这些参数，就能改变模型定义的输入和输出之间的关系。我们可以根据掌握的领域知识手动设置这些参数，也可以使用机器学习方法确定模型的权重以使模型能够与数据集中的模式相拟合。本章介绍的最后一项重要内容是通过组合简单模型来构建复杂模型。这可以通过将一个模型的输出作为另一个模型的输入来实现。我们使用这样的方法定义了用于贷款决策的组合模型。在下一章中，我们会发现神经网络中神经元的结构与本章中贷款决策模型的结构非常相似：神经元计算其输入的加权和，并将结果输入第二个模型以决定该神经元是否被激活。

本章的目的是在正式介绍机器学习和深度学习之前，先介绍一些基础概念。为了方便理解本章介绍的概念与机器学习术语之间的联系，我们可以将贷款决策模型等价于一个使用阈值激活函数的双输入神经元。贷款决策模型中的两个金融性指标（年收入和当前负债）相当于神经元的输入。表示一个样本的指标集有时被称为输入向量或特征向量。在本章的例子中，一个贷款申请就是一个样本，且包含了两个特征：年收入和当前负债。此外，与贷款决策模型类似，神经元为每一个输入赋予一个权重，而且将每个输入与其相应的权重相乘，并计算这些乘积的和，然后将求和结果作为输入的总体分值。最后，正如我们对信贷偿还能力评分进行阈值化处理以将其转换为是否批准贷款申请的决策一样，神经元通过一个函数（称为激活函数）对输入的总体分值进行转换。神经元使用的最早的激活函数实际上就是阈值函数，与本章信用评分例子中的评分阈值化方法完全一样。下一章将会介绍较新的神经网络所使用的其他不同类型的激活函数（例如，对数几率函数、双曲正切函数或线性整流 ReLU 函数）。

3

第 3 章

神经网络：深度学习的基石

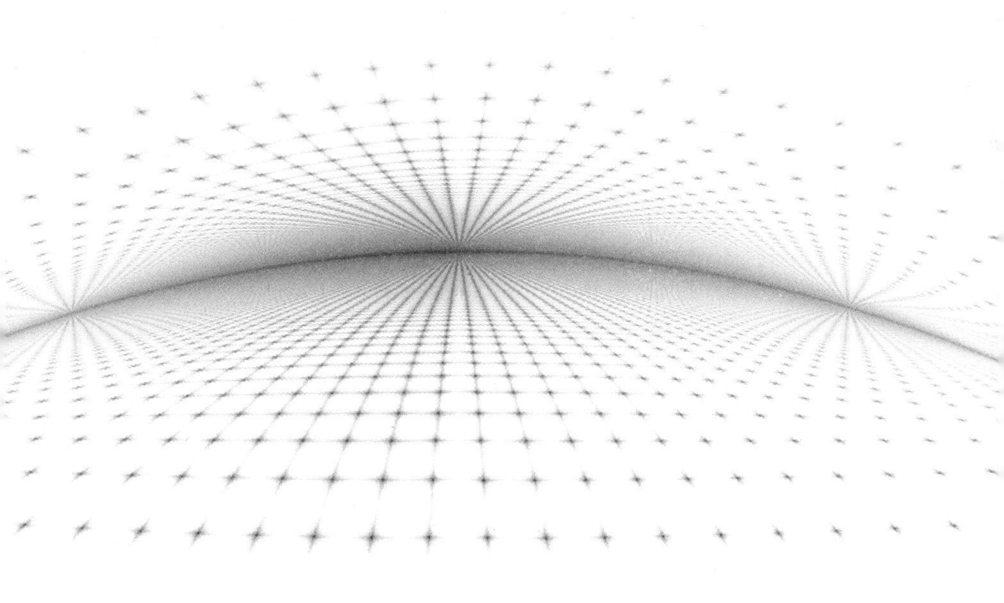

深度学习是对一类**神经网络**模型的统称，这类神经网络模型由多层被称为神经元的简单信息处理程序组成。本章着重对这些神经元的工作原理以及它们在人工神经网络中的相互连接方式进行清晰、全面的介绍。后续章节则会介绍如何使用数据对神经网络进行训练。

神经网络是受人脑结构启发而形成的一类计算模型。人脑由巨量的称为神经元的神经细胞构成。据估算，人脑中的神经元数目达到上千亿个[16]。神经元的结构其实很简单，由三部分组成：一个细胞体，一组称为树突的纤维质，以及一个称为轴突的长纤维质。图 3-1 展示了神经元的结构，以及在大脑中的相互连接方式。树突和轴突源于细胞体，并且一个神经元的树突与其他神经元的轴突相连。树突就是神经元的输入通道，接收从其他神经元的轴突发出的信号。轴突是神经元的输出通道，连接到某个神经元的轴突的其他神经元的树突接收该轴突发出的信号作为输入。

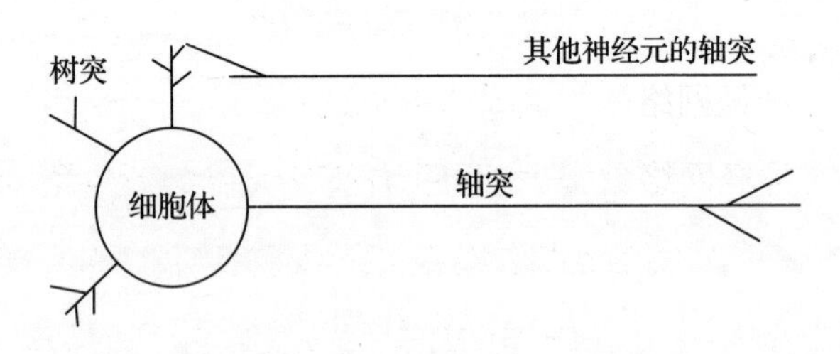

图 3-1　大脑中的神经元的结构

神经元的工作方式非常简单。当输入的激励信号足够强时，神经元就会沿着它的轴突，向与它相连的其他神经元发出一个称为动作电位的电脉冲。因此，神经元就像一个非开即闭的开关，它接收一组输入，然后输出一个动作电位或者什么也不输出。

以上有关人脑的解释对真实的生物学现象进行了很大的简化，但它却体现了理解人脑和神经网络计算模型之间的相似性所需的关键要点。这里涉及的两者之间的相似之处包括：（1）大脑由大量相互连接的称为神经元的简单单元构成；（2）大脑的功能就是处理信息，这些信息被编码成或高或低的电信号或者动作电位，散布于神经元构成的网络中；（3）每一个神经元从与之相邻的神经元接收一组激励，并将这些输入映射成或大或小的输出值。所有的神经网络计算模型都具备这些特点。

3.1 人工神经网络

人工神经网络是由称为神经元的简单信息处理单元组成的网络。神经网络具有对复杂关系进行建模的能力并不是因为它有复杂的数学模型，而是源于其内部大量简单神经元之间的交互连接。

图 3-2 展示了一个神经网络的结构。神经网络中的神经元常常被组织成层。图 3-2 中的神经网络含有五层：一个输

入层、三个隐层和一个输出层。隐层是指既不是输入层也不是输出层的层。深度学习网络是指含有很多个隐层的神经网络。一个神经网络要想被称为深度学习网络就必须含有至少两个隐层，而大部分深度学习网络含有的隐层数目远多于两个。此处的要点在于网络的深度由隐层和输出层的数目决定。

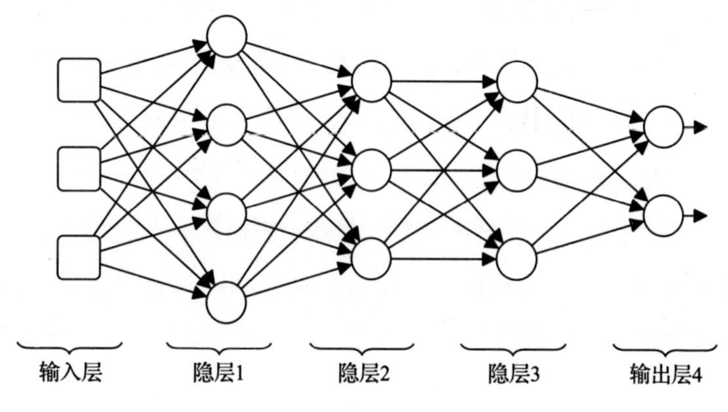

图 3-2　一个简单神经网络的拓扑示意图

图 3-2 中神经网络输入层的正方形表示网络输入在内存中的位置。这些位置可以看成感知神经元，它们并不对信息进行处理，只是输出相应内存位置中存储的数据值。图中的圆圈表示网络中处理信息的神经元，它们以一组数值作为输入，将输入数值映射为单个输出值。信息处理神经元的输入要么是感知神经元的输出，要么是其他信息处理神经元的输出。

深度学习网络是指含有多个由神经元组成的隐层的神经网络。

图 3-2 中的箭头说明了信息如何在网络中从一个神经元的输出流向另一个神经元的输入。网络中的每个连接将两个神经元连了起来，而且是有向连接，也就是说连接中的信息只沿一个方向传播。每个连接都关联了一个**权重**。虽然连接权重只是简单的数字，但它们非常重要，影响着神经元对沿着连接接收到的信息的处理方式。实际上，训练一个人工神经网络本质上就是在寻找最好（或最优）的权重。

3.2 人工神经元是如何处理信息的

神经元处理信息的方式，也就是从输入到输出的映射，与第 2 章中的贷款决策模型非常相似。回想一下，贷款决策模型首先计算输入特征（收入和负债）的加权和。根据一个数据集对加权和中使用的权重进行调整，以使得加权和计算结果是在已知贷款申请人的收入和负债的情况下对其信贷偿还能力评分的准确估计。贷款决策模型处理信息的第二步是将加权和计算结果（估计出的信贷偿还能力评分）传给决策规则。后者就是一个函数，它将信贷偿还能力评分映射到关于是否批准贷款申请的决策。

神经元实现的也是将多个输入映射为一个输出的两阶段信息处理方法。信息处理的第一阶段计算神经元输入值的加权和。第二阶段将加权和输入一个函数，该函数将加权和映射为神经元的最终输出值。在设计神经元时，我们可以使用很多不同类型的函数作为第二阶段的信息处理函数，比如贷款决策模型使用的简单决策规则，或者其他更加复杂的函数。神经元的输出值常被称为激活值。因此，将加权和映射为神经元激活值的函数也被称为激活函数。

图 3-3 展示了这些信息处理阶段在人工神经元结构中的情况，其中符号 $\sum$ 表示加权和计算，符号 φ 表示处理加权和并生成神经元输出的激活函数。

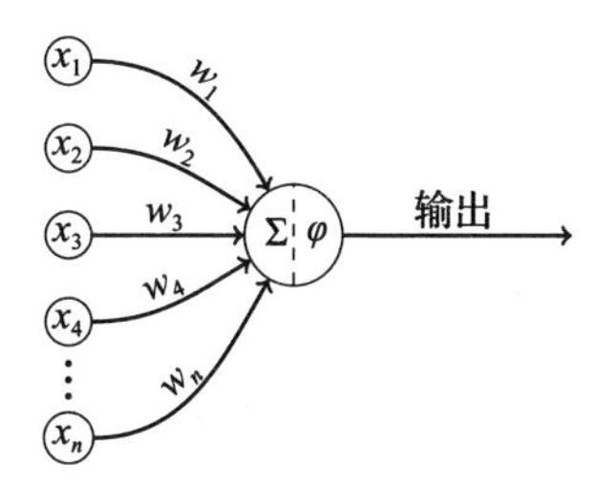

图 3-3　人工神经元的结构

图 3-3 中的神经元通过 n 个不同的输入连接接收 n 个输入 $[x_1,\cdots,x_n]$，其中每个连接有一个权重 $[w_1,\cdots,w_n]$。加权和计算首先将输入与权重相乘，然后再求和。数学上，加权和计算可以写成：

$$z=(x_1\times w_1)+(x_2\times w_2)+\cdots+(x_n\times w_n)$$

还可以以一种更加紧凑的数学形式写成：

$$z=\sum_{i=1}^{n}x_i\times w_i$$

例如，假设一个神经元接收到的输入为 $[x_1=3,\ x_2=9]$，

而且权重为 $[w_1 = -3, w_2 = 1]$，则相应的加权和计算为：

$$z = (3 \times -3) + (9 \times 1) = 0$$

神经元信息处理的第二阶段将加权和结果，即 z 值，传给激活函数。图 3-4 画出了一些激活函数的形状，为了更好地展示函数形状，图中每个函数的输入 z 在一定区间范围内，如 [−1, +1] 或 [−10, +10]。图 3-4 的上图是一个阈值激活函数。第 2 章中的贷款决策模型使用的决策规则就是一种阈值函数，其中的阈值是信贷偿还能力评分达到 200。阈值激活在神经网络早期研究中很普遍。图 3-4 的中图是对数几率（logistic）和双曲正切（tanh）激活函数。直到最近，这些激活函数才被广泛用于多层网络中。图 3-4 的下图是整流器（或铰链、正线性）激活函数，该激活函数在当代深度学习网络中被大量使用。2011 年，整流器激活函数被证明有利于更好地训练深度网络[11]。事实上，正如第 4 章中回顾深度学习历史时讨论的那样，神经网络研究的一大趋势就是从阈值激活到对数几率和双曲正切激活，再到整流器激活的转变。

回到前面的例子，加权和计算步骤得到的结果是 $z = 0$。图 3-4 的中图里面的实线绘制了对数几率函数。假设神经元使用对数几率激活函数，图中实线给出了加权和结果到输出激活值的映射：logistic(0) = 0.5。该神经元输出激活值的计算过程可以总结如下：

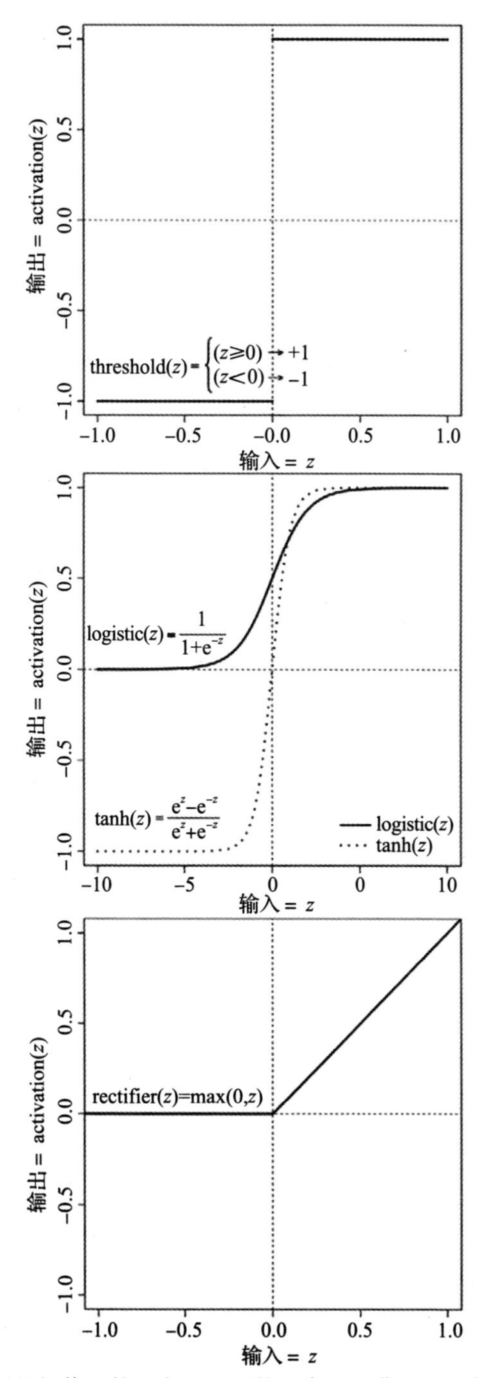

图 3-4 上图是阈值函数；中图是对数几率和双曲正切函数；下图是线性整流器函数

$$
\begin{aligned}
\text{输出} &= \text{激活函数}\left(z=\sum_{i=1}^{n} x_i \times w_i\right) \\
&= \text{logistic}(z=(3\times -3)+(9\times 1)) \\
&= \text{logistic}(z=0) \\
&= 0.5
\end{aligned}
$$

注意，上述神经元中的信息处理与第 2 章的贷款决策模型中的信息处理几乎完全一样。主要的不同之处在于把决策阈值规则替换成了对数几率函数，其中决策阈值规则将加权和映射为批准或不批准，而对数几率函数将加权和映射为介于 0 和 1 之间的一个值。根据神经元在神经网络中的位置，其输出激活值（也就是例子中的 0.5）或者作为网络中下一层的一个或多个神经元的输入，或者作为网络总体输出的一部分。输出层神经元的输出值的含义取决于神经元想要建模的任务。想要给隐层神经元的输出值一个有意义的解释却不太可能，往往只能给出一般性的解释，如隐层神经元的输出表示了某种有利于网络产生正确输出的特征（类似于第 1 章中提到的 BMI 特征）。本书第 7 章将会再次讨论解释神经网络中的激活值的含义所面临的挑战。

这一节需要大家记住的要点是作为神经网络和深度学习基石的神经元由两个顺序进行的简单操作定义：计算加权和以及使用激活函数处理加权和。

由图 3-4 可知，双曲正切和对数几率函数都不是线性函数。事实上，这两个函数的形状都具有明显的 S 形（非线性）轮廓。虽然并不是所有的激活函数都是 S 形的（例如阈值和整流器函数就不是 S 形），但是所有的激活函数都对加权和进行非线性映射。在神经元信息处理中引入非线性映射就是使用激活函数的原因所在。

3.3 为什么需要激活函数

为了理解为什么神经元需要非线性映射，首先需要理解神经网络所做的全部事情本质上就是定义一个从输入到输出的映射，例如从围棋游戏的一个棋局到对该棋局的评估，或者从病人的 X 射线影像到对病人的诊断结果。神经元是神经网络的基石，因而也是网络定义的映射的基石。神经网络定义的从输入到输出的总体映射由神经网络中每一个神经元实现的输入到输出的映射所构成。这意味着，如果网络中所有神经元都被限定为线性映射（即加权和计算），那么整个网络也只能实现从输入到输出的线性映射。然而现实世界中我们想要建模的很多关系并不是线性的，如果我们用线性模型对这些关系进行建模，那么得到的模型将会非常不精确。用线性模型对非线性关系进行建模其实就是我们在第 1 章中讨论过的欠拟合，也就是用于编码数据集中的模式的模型太简单了，其结果会有很大误差。

两者之间的线性关系是指其中一个增加会导致另一个以固定速率增加或减少。例如，对于周末时薪和工作日时薪相同且固定不变的员工，即便他们加班了，他们的工作时长与薪水之间也是线性关系。如果将他们的工作小时数与薪水之间的关系绘制出来，得到的将会是一条直线，而且直线越陡，意味着时薪越高。如果我们将薪酬系统变得稍微复杂些，比如，提高加班和周末的时薪，那么员工的工作时长与薪水之间就不再是线性关系了。神经网络，特别是深度学习网络，常被用来对远比这里的员工薪水复杂得多的关系进行建模。要想准确地对这样的关系进行建模，网络必须能够学习和表示复杂的非线性映射。因此，为了使神经网络能够实现这样的非线性映射，网络神经元在处理信息时就必须包含非线性步骤（激活函数）。

原则上，使用任何非线性函数作为激活函数就能让神经网络具备学习输入和输出之间的非线性映射的能力。但是，后面我们将会看到，图 3-4 中的激活函数大多具有很好的数学性质，有利于神经网络的训练，因而在神经网络研究中使用得非常普遍。

在神经元信息处理中引入非线性使网络能够学习输入和输出之间的非线性映射，这一点其实也是神经网络中神经元之间的交互引发的网络总体行为的体现。神经网络采用分而治之的策略解决问题：网络中的每个神经元解决整个问题的一部分，而组合这些神经元的解就能得到整个问题的解。神经网络的一个重要能力就是，在训练过程中，随着网络连接权重被设置，网络实际上就是在学习问题的分解，而单个神经元则是在学习如何解决分解后的问题，以及如何组合求得的解。

同一个神经网络中的不同神经元可能会使用不同的激活函数。但是，一般而言，网络同一层中的神经元的类型相同（即使用相同的激活函数）。此外，神经元有时也被称为单元，而且根据使用的激活函数被分成不同类型：使用阈值激活函数的神经元称为阈值单元，使用对数几率激活函数的神经元称为对数几率单元，而使用整流器激活函数的神经元称为线性整流单元（或 ReLU）。比如，一个网络中可能会有一个 ReLU 层连接到一个对数几率单元层。网络中的神经元使用什么激活函数是由设计网络的数据科学家决定的。为此，数据科学家往往会通过一些实验找出在数据集上表现最好的激活函数。然而，数据科学家常常也会默认使用一些当时比较流行的激活函数。例如，ReLU 是目前神经网络中最流行的一类单元，但是随着新的激活函数的出现，它也可能不再流行。正如本章最后将会讨论的，神经网络中由数据科学家在训练之前手动设置的元素被称为超参。

神经网络使用分而治之的策略解决问题：网络中的每个神经元解决整个问题的一部分，而整个问题是通过组合这些部分解来解决的。

超参与模型参数不同，是指模型中手动设置、固定不变的部分，而模型参数由机器学习算法在训练过程中自动确定。神经网络的参数是网络中的神经元计算加权和时使用的权重。正如第 1 和第 2 章中所说的，设置神经网络参数的标准训练过程是这样的：首先将参数（网络权重）值初始化为随机值，然后根据网络在数据集上的表现逐步调整权重以使得模型在数据上的精度更好。第 6 章将介绍神经网络训练中最常用的两种算法：梯度下降算法和反向传播算法。接下来我们重点理解改变神经元参数将会如何影响神经元对接收到的输入的响应。

3.4　神经元参数的变化如何影响神经元的行为

神经元的参数是它在计算加权和时使用的权重。尽管神经元中的加权和与线性模型中的加权和是一样的，但是神经元中的权重与其最终输出之间的关系要复杂得多，因为神经元中的加权和结果还要经过激活函数的处理才形成神经元的最终输出。为了理解神经元是如何根据输入得到输出的，我们需要理解神经元的权重、神经元接收到的输入，以及相应的输出三者之间的关系。

对于使用阈值激活函数的神经元而言，它的权重和它针对给定的输入产生的输出之间的关系是最容易理解的。使用这种激活函数的神经元与贷款决策模型是等价的，后者使用决策规则对通过加权和计算得到的信贷偿还能力评分进行分类，以决定是否批准贷款申请。在第 2 章的最后部分，我们介绍了输入空间、权重空间和激活空间的概念（见图 2-2）。两输入的贷款决策模型的输入空间可以在二维坐标系中可视化，其中 x 轴表示一个输入（年收入），y 轴表示另一个输入（当前负债）。坐标系中每个点定义了模型的一个可能的输入组合，而输入空间中的所有点形成的集合表示了模型能够处理的所有可能输入。贷款决策模型中使用的权重的作用可以看成将输入空间划分成两部分，其中一部分包含那些能够被批准的贷款申请对应的输入，而另一部分则包含那些不能被批准的贷款申请对应的输入。在该应用场景中，修改决策模型使用的权重将会改变能够被批准和不能被批准的贷款申请形成的集合。直观上，这样的现象是合理的，因为对权重的修改就意味着我们在决定是否批准贷款申请时对申请人的收入和负债的相对重视程度发生了变化。

以上关于贷款决策模型的分析可以推广到神经网络中的神经元。与贷款决策模型等价的神经元结构是使用阈值激活函数的两输入神经元。这样的神经元的输入空间与贷款决策模型的输入空间具有相似的结构。图 3-5 给出了使用阈值激活函数的两输入神经元的输入空间。该神经元在加权和大于零时输出较高激活值，否则输出较低激活值。图中不同子图之间的差别在于神经元定义的决策边界不同，如图中黑线所示。

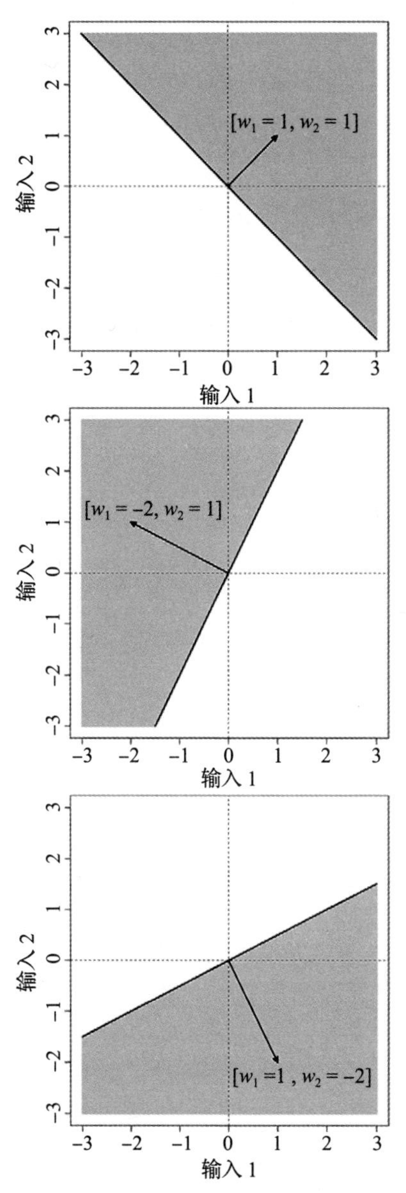

图 3-5　两输入神经元的决策边界。上图的权重向量为 $[w_1 = 1, w_2 = 1]$；中图的权重向量为 $[w_1 = -2, w_2 = 1]$；下图的权重向量为 $[w_1 = 1, w_2 = -2]$

图 3-5 是这样得到的：首先固定神经元的权重，然后将输入空间中的每一点的坐标值输入神经元中，记录神经元返回的激活值的高低。对于返回较高激活值的输入点用灰色表示，其他点用白色表示。不同子图对应的神经元之间的唯一区别在于计算输入加权和所用的权重不同。图中箭头表示了神经元所用的权重向量。这里，向量描述了点到坐标原点的方向和距离[㊀]。将神经元使用的权重解释成神经元输入空间中的向量（从坐标原点指向权重坐标的箭头）有利于理解权重变化对神经元决策边界的影响。

图 3-5 中不同子图所用的权重不同，如图中变化的箭头方向所示。具体而言，改变权重会使权重向量围绕坐标原点旋转。注意，图中决策边界会随着权重向量方向的变化而变化：图 3-5 的所有决策边界均垂直于权重向量（即形成的夹角为直角或 90 度角）。因此，改变神经元权重不仅会使权重向量发生旋转，还会使决策边界发生旋转。这样的旋转会改变能够使神经元输出较高激活值的输入点集（也就是图中的灰色区域）。

为了理解决策边界为什么总是与权重向量垂直，我们需要暂时将我们的视角转到线性代数上来。我们知道输入空间中每一个点定义了神经元的一种可能输入值。现在，想象一下用每一种输入值定义一个从坐标原点指向该输入值在输入

㊀ 原点是坐标系中坐标轴相交的地方。在二维坐标系中，原点就是 x 轴和 y 轴的交点，也就是坐标为 $x = 0$，$y = 0$ 的地方。

空间中对应点的向量。如此，输入空间中每一个点都会对应一个箭头，而每一个箭头和权重向量的唯一区别就是这些箭头指向的是输入值对应的坐标点，而权重向量指向的是权重值对应的坐标点。当我们将神经元的输入也看成向量时，加权和计算就相当于将输入向量和权重向量相乘。在线性代数中，两个向量相乘也被称为点积运算。这里，我们只需知道点积运算的结果取决于相乘的两个向量之间夹角的大小。如果两个向量的夹角小于直角，那么点积运算的结果为正；等于直角时，结果为 0；否则，结果为负。因此，对于那些与权重向量的夹角小于直角的输入向量而言，它们与权重向量的乘积等于正值，而对于其他输入向量，乘积将为 0 或负值。在将这些乘积输入神经元的激活函数时，对于正值，神经元的激活函数将会返回高激活值，而对于其他值，将会返回低激活值。因此，决策边界与权重向量之间的夹角为直角。因为与权重向量的夹角小于直角的所有输入向量都会产生正值，从而激发神经元输出高激活值；与此相反，神经元对所有其他输入向量的输出都是低激活值。

回头再看图 3-5，虽然每个子图中决策边界自身的角度并不相同，但是它们都通过权重向量在输入空间中的起点（即坐标原点）。这意味着改变神经元的权重只会使神经元的决策边界发生旋转，而不会使它发生平移。平移决策边界是指将其相对于权重向量向上或向下移动，这就会使决策边界与权重向量的交点不再是在坐标原点处。要求所有决策边界都必须经过坐标原点限制了神经元能够学习到的输入模式之间的差异。克服这一限制的常用方法是对加权和计算进行扩展，在其中引入一个称为**偏置项**的额外元素。该偏置项不同于第1章中讨论的归纳偏差，而更类似于直线方程中能够使直线沿着y轴上下移动的截距参数。引入该偏置项的目的就是为了将决策边界移（平移）离坐标原点。

简单而言，偏置项就是在计算加权和时引入的一个额外值。在神经元中，将加权和输入激活函数之前先在加权和上加上偏置项。用b表示偏置项，则带有偏置项的神经元的信息处理过程可以表示为：

$$\text{输出}=\text{激活函数}\left(z=\left(\underbrace{\sum_{i=1}^{n}x_i\times w_i}_{\text{加权和}}\right)+\underbrace{b}_{\text{偏置项}}\right)$$

图3-6说明了偏置项的取值对神经元决策边界的影响。当偏置项取负值时，决策边界将会沿着权重向量指向的方向移离坐标原点（如图3-6的上图和中图所示）；当偏置项取正值时，决策边界将会向相反方向平移（如图3-6的下图所示）。在上述两种情况中，决策边界都与权重向量保持垂直。此外，偏置项绝对值的大小决定了决策边界移离坐标原点的程度；偏置项绝对值越大，决策边界平移得就越多（对比图3-6的上图、中图及下图）。

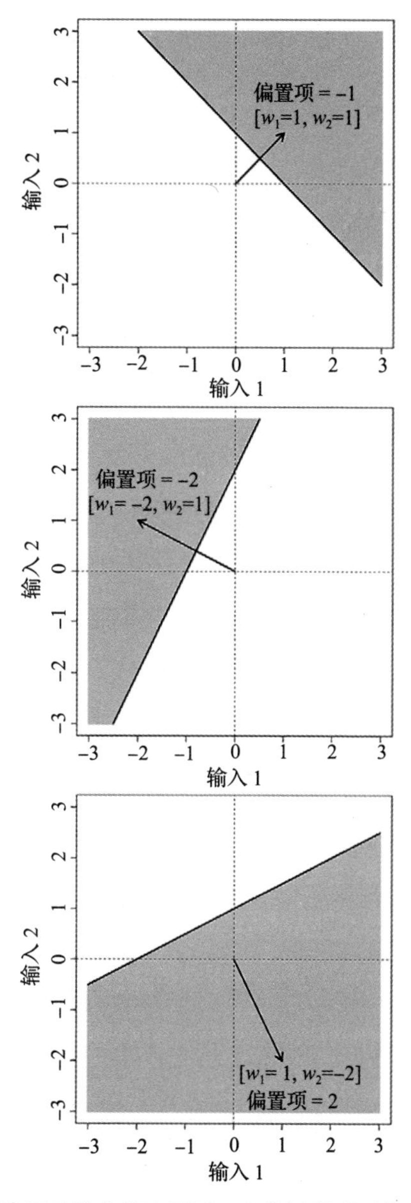

图 3-6　两输入神经元的决策边界图，这些图说明了偏置项对决策边界的影响。上图的权重向量为 [$w_1 = 1, w_2 = 1$]，偏置项为 −1；中图的权重向量为 [$w_1 = -2, w_2 = 1$]，偏置项为 −2；下图的权重向量为 [$w_1 = 1, w_2 = -2$]，偏置项为 2

与手动设置偏置值相比，让神经元学习合适的偏置值是一种更好的选择。实现这一点的最简单方法是将偏置项当成一个权重，让神经元在学习输入权重的同时也学习偏置项。而要做到这些，只需要使用一个恒等于 1 的额外输入对输入向量进行增广。通常，这个额外输入被看成 input_0（$x_0 = 1$），而相应的偏置项用 weight_0（w_0）表示[⊖]。图 3-7 展示了含有偏置项 w_0 的人工神经元的结构。

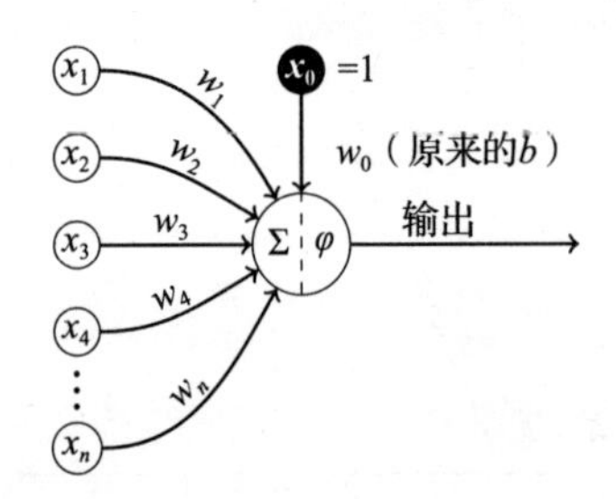

图 3-7　含有偏置项 w_0 的人工神经元

将偏置项吸收进神经元的权重后，神经元从输入值到输出激活值的映射方程可以（从数学符号的角度）简写成：

$$\text{输出} = \text{激活函数}\left(z = \sum_{i=0}^{n} x_i \times w_i\right)$$

注意，在该方程中索引 i 从 0 开始到 n，从而包含了固定输入值 $x_0 = 1$ 和偏置项 w_0。而在该方程之前的写法中索引是从 1 到 n。根据这个新写法的方程，神经元可以使用与学习

⊖ 在第 2 章里，我们使用了同样的方法将线性模型中的截距参数合并进了模型的权重。

其他输入权重一样的方法来学习偏置项，也就是学习合适的权重 w_0：在训练开始时，每个神经元的偏置项被初始化为随机值，然后连同网络的其他权重一起根据网络在数据集上的表现进行调整。

3.5　使用 GPU 加速神经网络的训练

将偏置项吸收进权重向量不仅仅是为了符号表示上的便利，而且还能让我们使用特殊硬件加速神经网络的训练。将偏置项也当成权重，这使得输入的加权和计算（包括与偏置项的相加）可以被看成两个向量的乘积运算。前面在讨论决策边界与权重向量之间的正交性时，我们曾将输入看成向量。实际上，神经网络中涉及的大部分信息处理都是向量和矩阵的乘法运算，这为使用特殊硬件加速这些运算创造了条件。例如，图形处理单元（GPU）就是专为进行快速矩阵乘法运算而设计的硬件。

在标准前馈网络中，同一层的所有神经元接收来自前一层所有神经元的输出（即激活值）作为输入。这意味着同一层的所有神经元的输入是相同的。因而，我们可以通过一次向量与矩阵的乘法运算计算出同一层中所有神经元的加权和，这比为每一个神经元分别计算加权和要快得多。为了实现通过一次乘法运算得到某一整层神经元的加权和，我们将它前一层神经元的输出构成一个向量，同时将两层神经元之间的所有连接权重保存在一个矩阵中，然后将得到的向量与矩阵相乘，作为乘积结果的向量中就包含了该层所有神经元的加权和。

图 3-8 展示了网络同一层中的所有神经元的加权和是如何通过一次矩阵乘法运算得到的。该图含有两个子图：左图展示了网络中两层神经元之间的连接，右图展示了计算网络第 2 层神经元的加权和的矩阵操作。为了保持两个子图之间的对应关系，左图突出了神经元 E 的连接，右图突出了神经元 E 的加权和的计算。

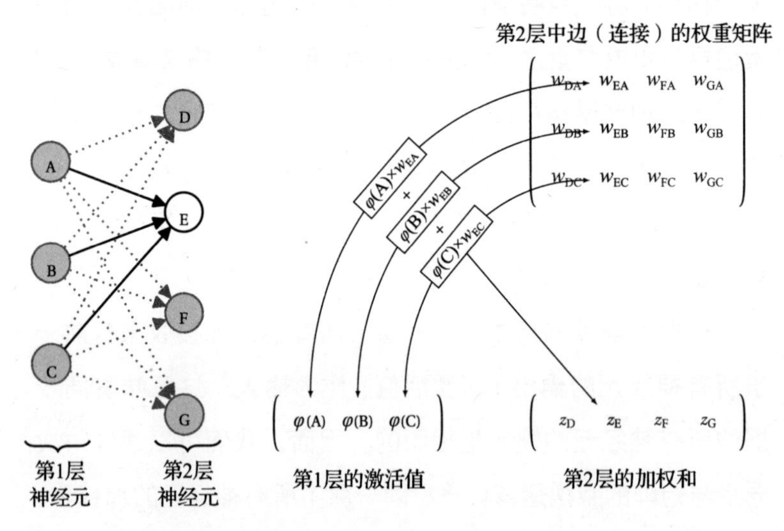

图 3-8　网络中某个特定神经元 E 的拓扑连接，计算 E 的输入的加权和的向量矩阵乘法，以及 E 的同层兄弟节点的示意图

注意，右图中左下方的 1 × 3 向量（1 行 3 列）保存了网络第 1 层神经元的激活值，也就是激活函数 φ（具体使用哪一个激活函数这里不做限定，可能是阈值函数、双曲正切函数、对数几率函数，或者线性整流单元 /ReLU 函数）的输出值。右图中右上方的 3 × 4 矩阵（3 行 4 列）保存的是两层神经元之间的连接权重。在该矩阵中，每一列对应于与网络第 2 层中的一个神经元相连的连接权重。第 1 列为神经元 D 的连接权重，第 2 列为神经元 E 的连接权重，依此类推[⊖]。将第 1 层 1 × 3 的激活值与 3 × 4 的权重矩阵相乘就可以得到包含网络第 2 层四个神经元的加权和的 1 × 4 向量：z_D 是神经元 D 的输入的加权和，z_E 是神经元 E 的输入的加权和，等等。

为了得到包含第 2 层神经元的加权和的 1 × 4 向量，激活值向量依次与权重矩阵中的每一列相乘：将向量的第 1 个（最左侧的）元素与矩阵列中的第 1 个（最上面的）元素相乘，再将向量的第 2 个元素与矩阵列中的第 2 行元素相乘，等等，直至向量中的每个元素都已与对应的矩阵列元素相乘，然后再将这些乘积结果相加，并将求和结果保存在输出向量中。图 3-8 展示了激活值向量与权重矩阵中的第 2 列相乘的情况，其中乘积结果的和被保存为输出向量中的 z_E。

⊖ 为了突出这种按列的组织方式，权重使用列 – 行（而非行 – 列）的形式进行索引。

事实上，整个神经网络实现的计算可以表示为一系列矩阵乘法运算，再对每个乘法运算结果中的每个分量应用激活函数。图 3-9 展示了神经网络的图形表示（左图）和矩阵运算序列表示（右图）。在右图中，符号 × 表示标准矩阵乘法（如上文所述），符号→ φ →表示对之前矩阵乘法运算得到的向量中的每个元素应用激活函数。对元素逐个应用激活函数得到的输出是包含了网络中一层神经元的激活值的向量。为了反映这两种表示方式之间的对应关系，图 3-9 中的两个子图都展示了网络的输入 I_1 和 I_2，三个隐层单元的激活值 A_1、A_2 和 A_3，以及网络的整体输出 y。

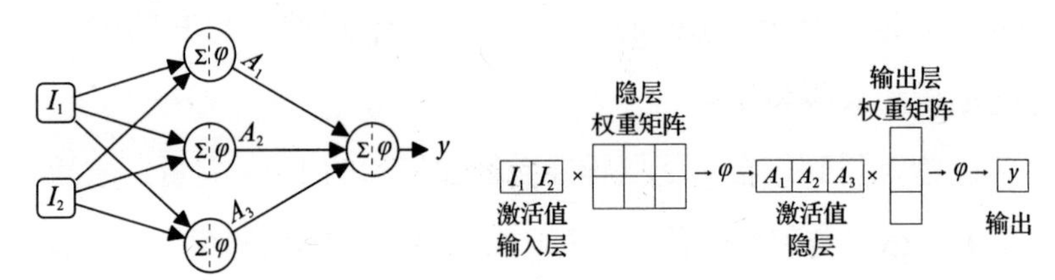

图 3-9　神经网络的图形表示（左图）及其矩阵运算序列表示（右图）

上述矩阵表示方式为定义网络深度提供了一种显而易见的方法：网络深度可以定义为网络中含有权重矩阵的层的个数（也就是网络需要的权重矩阵的个数）。这就是没有将输入层计算在网络深度中的原因：输入层没有权重矩阵。

如前所述，神经网络中的大部分运算都可以表示成一系列矩阵运算，这一点对于深度学习的计算具有重要影响。一个神经网络可能含有超过百万个神经元，而且目前神经网络的大小正以每两到三年翻一番的速度增长[1]。此外，深度学习网络的训练一般是将网络迭代地用在从大规模数据集中采集的样本上，再据此更新网络参数（即权重）以提升网络性能。因此，训练深度学习网络往往需要运行网络很多次，且每一次运行网络都需要进行数百万次运算。这就是为什么使用 GPU 加速矩阵乘法这样的运算对于深度学习的发展如此重要。

GPU 与深度学习之间的关系并不是单向的。深度学习引起的对 GPU 日益增长的需求深刻影响了 GPU 生产商。深度学习重塑了这些公司的业务。传统上，由于开发 GPU 芯片的初衷是提升图形渲染的效果，而电脑游戏是图形渲染最自然的应用领域，所以这些公司只是专注于电脑游戏市场。然而，近年来，这些公司开始关注面向深度学习和人工智能应用的 GPU 硬件市场。而且，GPU 厂商们也已经在确保它们的产品能支持顶级的深度学习软件架构方面有所投入。

3.6　本章小结

本章主题是深度学习网络由大量协同工作以在大数据集上学习和实现复杂映射的简单信息处理单元组成。这些简单单元，也就是神经元，执行两步处理：首先计算神经元输入的加权和，然后使用称为激活函数的非线性函数处理加权和。

---

[1] 关于网络的大小和增长情况的进一步讨论请参见参考文献 [12] 的第 23 页。

同一层神经元的加权和函数可以通过一次矩阵乘法运算实现，这一点非常重要：它意味着神经网络可以被看成一系列的矩阵运算，这使得我们可以使用专门对快速矩阵乘法进行优化的 GPU 硬件来加速网络的训练，这样的加速反过来又使得我们能够使用更大的神经网络。

神经网络本质上是一组神经元的组合，这使得从非常基础的层面上理解神经网络的运行机制成为可能。本章重点就是在这样的层面上提供对神经网络信息处理机制的全面解释。然而，神经网络的组合本质也引起了有关如何组合出能解决特定问题的神经网络的一些新问题，比如：

- 网络中的神经元应该使用哪个激活函数？
- 网络应该含有多少层？
- 每一层应该含有多少神经元？
- 这些神经元应该怎样连接在一起？

遗憾的是，这些问题中的大部分都没有原则上的最优答案。在机器学习中，为了区别于模型参数，与这些问题相关的概念被称为超参。神经网络的参数是连接边的权重，它们通过在大数据集上训练网络来确定。与此相反，超参是指训练算法不能直接根据数据估计出来的参数（这里就是指神经网络结构的参数），这些参数需要模型的构建者利用启发式规则、直觉或试错法来设定。通常，创建深度学习网络的很多精力都花在了解决与超参有关的问题的实验上，而这一过程被称为调参。下一章将会回顾深度学习的历史与发展，而回顾中涉及的不少主题都和这些问题引起的挑战有关。本书后续章节将会介绍解决这些问题的不同方法，以及由此形成的特点迥异的网络，其中不同网络适用于不同类型的任务。例如，循环神经网络最适合于处理序列 / 时序数据，而卷积神经网络最初是为了处理图像才被提出来的。但是，这两类网络都是基于人工神经元这样的基本处理单元构造出来的，它们之间的不同行为与能力源于它们组织和组合神经元的不同方式。

第 4 章

深度学习简史

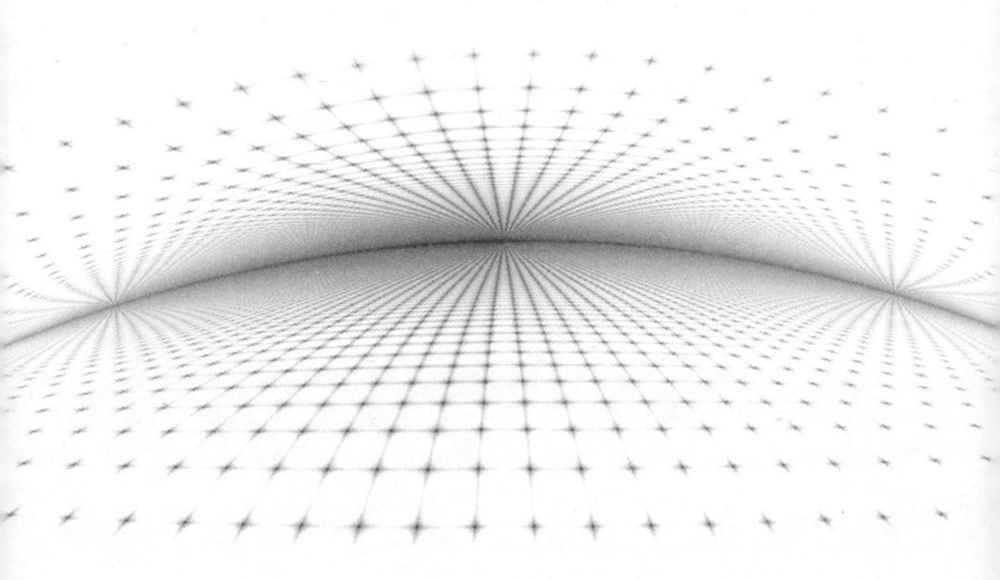

深度学习的历史可以分为三个令人兴奋且充满创新的关键时期，以及点缀其间的低潮期。图 4-1 展示了深度学习发展历史的时间线，图中重点标出了一些关键研究时期：阈值逻辑单元时期（从 20 世纪 40 年代早期到 20 世纪 60 年代中期）、连接主义时期（从 20 世纪 80 年代早期到 20 世纪 90 年代中期）以及深度学习时期（21 世纪 00 年代中期至今）。图 4-1 中给出了每个关键时期提出的网络的一些主要特点。这些网络特点的变化反映了深度学习发展过程中的一些重要主题，其中包括：从二进制值到连续值的变化；从阈值激活函数到对数几率和双曲正切激活函数，再到线性整流单元 /ReLU 激活函数的转变；从单层到多层再到深度网络的逐步加深。最后，图 4-1 的上半部分展示了一些重要的概念性突破、训练算法以及促进了深度学习发展的模型架构。

图 4-1 提供了本章的结构。本章将按照图中的时间线依次介绍其中的概念。图中的两个灰色矩形区域展示了两种重要的深度学习网络架构的发展情况：卷积神经网络（CNN）和循环神经网络（RNN）。本章将会介绍这两种网络架构的演化历史，第 5 章将详细介绍它们的工作原理。

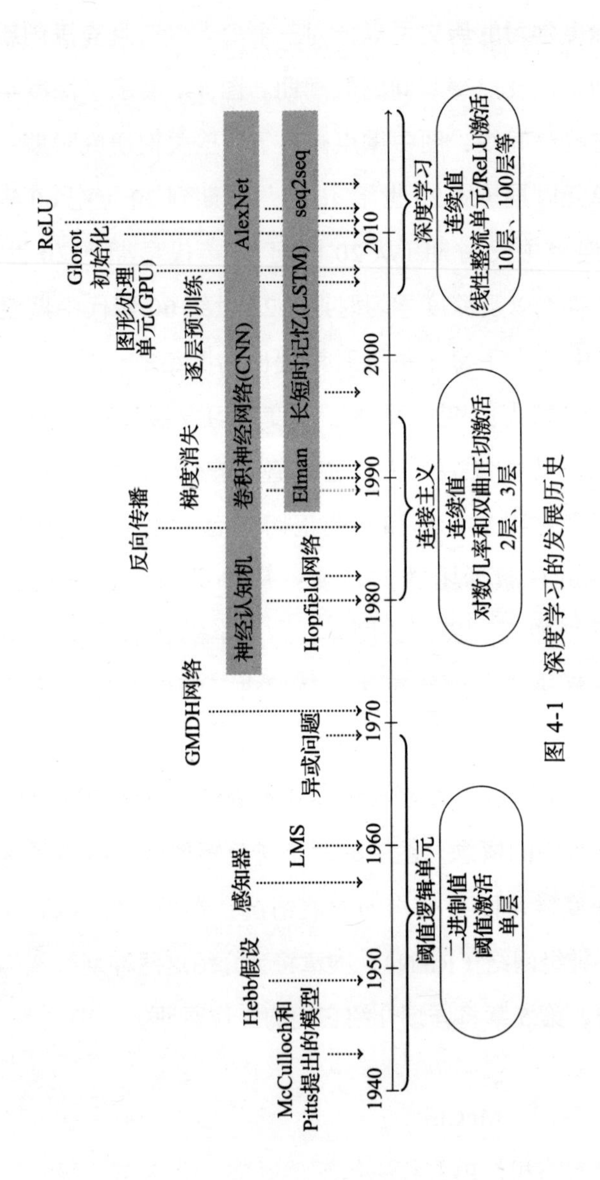

图 4-1 深度学习的发展历史

4.1 早期研究：阈值逻辑单元

在深度学习的一些研究中，早期的神经网络研究被归为连接主义的一部分，而连接主义研究的是生物单元中控制与学习的计算模型。但是，在图 4-1 中，按照 Nilsson（1965 年的）著作[34]中的专业术语，我们将早期的神经网络研究归为有关阈值逻辑单元的研究，因为这样的称呼反映了在这一时期提出的系统的主要特点。20 世纪 40 年代、50 年代和 60 年代提出的模型大部分处理的都是布尔值输入（即用 +1/–1 或 1/0 表示真 / 假），产生的也是布尔值输出。它们使用的激活函数都是阈值激活函数（已在第 3 章中介绍），网络结构也都是单层网络，换句话说，网络只有一个可调权重的矩阵。这些早期研究关注的往往都是基于人工神经元的计算模型是否能够学习诸如合取和析取之类的逻辑关系。

1943 年，Walter McCulloch 和 Walter Pitts 在题为《神经活动中天生的思维逻辑运算》的论文中提出了生物神经元的一种计算模型[30]。这篇论文突出了大脑神经活动“全或无”（all-or-none）的特点，提出使用命题逻辑运算描述神经活动。在 McCulloch 和 Pitts 模型中，神经元的输入和输出都是 0 或者 1。而且，每个输入要么被激活（权重为 +1），要么被抑制（权重为 –1）。McCulloch 和 Pitts 模型提出的一个关键概念是先求输入的和，再对和应用阈值函数。在求和过程中，当输入被激活时，在和中加入该输入；当输入被抑制时，在和中减去该输入。如果计算得到的和大于预设的阈值，那么神经元输出 1；否则，输出 0。在论文中，McCulloch 和 Pitts 说明了如何使用这样的简单模型表示逻辑操作（如合取、析取和否定）。McCulloch 和 Pitts 模型包含了第 3 章介绍的人工神经元中的大部分元素。然而，该模型中的神经元是固定的，换句话说，权重和阈值是手工设置的。

1949 年，Donald O. Hebb 出版了名为《行为的组织学》的专著，书中提出了用于解释一般人类行为的神经心理学理论（综合了心理学和大脑生理学）。该理论的基本前提是行为表现为单个神经元的活动或多个神经元间的交互活动。书中有关神经网络研究的最重要思想是 Hebb 假定，该假定基于神经元之间连接的改变过程，解释了动物持续记忆的创建方法：

当细胞 A 的轴突与细胞 B 足够接近，能够重复或持续激活 B 的时候，这两个细胞中的一个或者全部就会出现某种生长过程或代谢变化，从而使得 A 作为激活 B 的所有细胞中的一个细胞的激活效率得以提升 [15]62。

这一重要假定假设信息保存在神经元之间的连接（也就是网络的权重）中，而且根据重复出现的激活模式对这些连接进行修改以达到学习的目的（也就是说网络中的学习是通过改变网络的权重来实现的）。

4.1.1 Rosenblatt 的感知器训练规则

在 Hebb 出版其专著之后的几年间，一些研究人员提出了神经元活动的计算模型，这些模型集成了 McCulloch 与 Pitts 提出的布尔阈值激活单元和基于调整输入权重的学习机制。其中最著名的模型就是 Frank Rosenblatt 提出的感知器模型[41]。从概念上讲，感知器模型可以看成由一个使用阈值激活单元的人工神经元构成的神经网络。重要的是，感知器网络只有一个权重层。第一个感知器软件是在 IBM 704 系统上实现的（或许它也是第一个实现出来的神经网络）。然而，Rosenblatt 一直希望以物理机器的形式实现感知器，而且最终在定制硬件上实现了这种感知器，并将其称为“马克 1 号感知器”。马克 1 号感知器从一个能生成大小为 400 像素的图像的相机接收输入，接收到的图像通过一个由 400 个光电管组成的阵列输入感知器机器，这些光电管依次与神经元相连接。神经元的连接权重由称为电位计的可调电阻器控制，通过电机调整电位计即可实现对权重的调整。

Rosenblatt 提出了一种错误修正训练过程来更新感知器的权重，使感知器能学会区分两种类型的输入，即对应于感知器输出 $y = +1$ 的输入和对应于感知器输出 $y = -1$ 的输入[39]。训练过程假定有一组编码成布尔值的输入模式，其中每一个输入模式与一个目标输出值相关联。训练开始时，感知器的权重被初始化为随机值。训练过程中，逐个处理每一个训练样本，在将样本输入网络后，根据感知器产生的输出值与训练数据中的目标输出值之间的误差调整网络的权重。训练样本可以按任意顺序输入网络，而且在训练结束前一个样本可以多次输入网络。将训练集中的所有样本都处理一次的过程称为一次迭代，当某次迭代中感知器将所有样本都正确分类时，训练过程结束。

Rosenblatt 定义了一种学习规则（即感知器训练规则），在处理完每个训练样本时对感知器权重进行更新。该规则的权重更新策略与第 2 章中的贷款决策模型的权重更新三条件策略一样。

条件 1：如果模型针对一个样本的输出与训练集中该样本的目标输出一样，那么不必更新权重。

条件 2：如果模型针对一个样本的输出偏高，那么将输入样本的正值分量的权重减小，同时将负值分量的权重增大。

条件 3：如果模型针对一个样本的输出偏低，那么将输入样本的正值分量的权重增大，同时将负值分量的权重减小。

用方程的形式表示，Rosenblatt 学习规则按照如下方式更新第 i 个权重（w_i）：

$$w_i^{t+1} = w_i^t + (\eta \times (y^t - \hat{y}^t) \times x_i^t)$$

其中，w_i^{t+1} 是处理完样本 t 并对网络权重进行更新后第 i 个权重的值，w_i^t 是处理样本 t 的过程中第 i 个权重的值，η 是预设的正值常数（被称为学习率，后面将会详细介绍），y^t 是样

本 t 在训练集中的目标输出，$\hat{y}^t$ 是感知器对样本 t 产生的输出，x_i^t 是处理样本 t 的过程中使用 w_i^t 进行加权的样本输入分量。

虽然看起来复杂，但感知器训练规则实际上就是前面介绍的权重更新三条件策略的数学描述。该训练规则方程的主要部分是计算目标输出值与感知器实际预测值之间的差值：$y^t - \hat{y}^t$。该差值决定应该使用三个权重更新条件中的哪一个。第一个权重更新条件是 $y^t - \hat{y}^t = 0$，此时，感知器的输出是正确的，因而无须修改权重。

第二个权重更新条件是感知器的输出太大。注意感知器的目标输出要么是 $y = +1$，要么是 $y = -1$，因此这种情况只会在样本 t 的正确输出是 $y^t = -1$ 时出现，也就是当 $y^t - \hat{y}^t < 0$ 时才会触发第二个权重更新条件。此时，如果感知器对样本 t 的输出是 $\hat{y}^t = +1$，则误差项是负值 $(y^t - \hat{y}^t = -2)$，而权重 w_i 按照 $+(\eta \times -2 \times x_i^t)$ 进行更新。为了更好地解释这一点，我们假设 η 等于 0.5，则上述权重更新公式可以简化成 $-x_i^t$。换句话说，当感知器的输出太大时，权重更新规则从权重值中减去输入值。这样做将会减小输入样本的正值分量的权重，同时增大输入样本的负值分量的权重（减去一个负数等价于加上一个正数）。

第三个权重更新条件是感知器的输出太小。这一权重更新条件与第二个权重更新条件完全相反。它只有当 $y^t = +1$ 时才会发生，即当 $y^t - \hat{y}^t > 0$ 时才会被触发。这种情况下 $(y^t - \hat{y}^t = 2)$，按照 $+(\eta \times 2 \times x_i^t)$ 更新权重。我们还是假设 η 等于 0.5，则权重更新公式可以简化为 $+x_i^t$，它表明当感知器的误差为正时，权重更新规则将输入值加到权重值上。这样更新权重的效果就是减小输入样本的负值分量的权重，同时增大输入样本的正值分量的权重。

前面我们多次提及学习率 η。学习率是为了控制权重更新量的大小，它作为一种超参，需要在模型训练之前预设好。设置学习率时需要进行一些权衡：

- 如果学习率太小，为了得到合适的权重值，训练过程可能会需要非常长的时间才能收敛。
- 如果学习率太大，网络权重可能会在权重空间中频繁跳动，可能导致训练过程根本无法收敛。

设置学习率的一种策略是将其设为一个相对较小的正值（如 0.01），另一种策略则是将其初始化为一个较大的值（如 1.0），然后在训练过程中系统性地逐步减小其值（如 $\eta^{t+1}=\eta^{1}\times\frac{1}{t}$）。

为了使有关学习率的讨论更加具体，想象一下你在滚球游戏中努力将一个小球滚进一个洞里。你可以通过倾斜小球滚动的平面来控制球的方向和速度。如果你将滚动平面倾斜得太厉害，小球将会滚得非常快，很可能滚过了洞的位置而不能落入洞中，导致你还需要重新调整平面，而一旦调整过度，你将会需要反复地倾斜平面。但如果你只是轻微地倾斜平面，小球可能压根不会移动，或者只能非常缓慢地移动，以致需要很长时间才能到达洞的位置。将小球滚进洞里所面临的很多挑战与寻找网络的最优权重所面临的问题相似。将平面上小球滚过的每一点看成网络权重的一个可能解。滚动过程中小球在某个时刻所处的位置定义了网络的当前权重，而洞的位置定义了我们训练网络想要完成的任务的最优权重值。因而，引导网络取得最优权重值可以类比为引导小球滚入洞中。学习率决定了我们在寻找最优权重的过程中可以以多快的速度在平面上移动。如果将学习率设置为较大的值，就会在平面上移动得比较快：每次迭代时对权重的更新比较大，因此相邻两次迭代中的网络权重会相差比较大。如果用滚球游戏来类比，就是小球滚动得太快了。正如小球滚动得太快会滚过洞所在的位置，搜索过程对权重更新得太多也会错过最优权重值。相反，如果将学习率设置为较小的值，每次迭代时对权重的更新就会比较小，或者换句话说，只允许小球在平面上非常慢地滚动。当学习率较小时，错过最优权重的可能性会比较低，但是得到最优权重所需的时间可能极其长。先将学习率设置得比较大，然后再逐步减小，这样的策略就相当于在滚球游戏中，先剧烈地倾斜平面使球快速移动，然后再轻微地倾斜平面控制球逐步进入洞中。

Rosenblatt 证明了如果存在一组权重使感知器将所有训练样本正确分类，那么感知器训练算法最终一定能收敛到这组权重。这被称为感知器收敛定理[40]。然而，训练感知器的困难在于训练过程可能需要对训练数据进行非常多次的迭代才能收敛。此外，对于很多问题，我们并不能预先知道是否存在这样一组合适的权重。出于以上原因，如果训练已经进行了很长时间，我们无法知道是训练过程需要足够长的时间以收敛到合适的权重，还是训练过程根本就无法收敛。

4.1.2 最小均方算法

就在 Rosenblatt 研究感知器的同时，Bernard Widrow 和 Marcian Hoff 也在研究一个非常相似的模型及其学习规则。他们将模型称为 ADALINE（自适应线性神经元的简称），将学习规则称为 LMS（最小均方）算法[53]。ADALINE 网络由一个与感知器非常相似的神经元构成；唯一的区别是 ADALINE 网络没有使用阈值函数。事实上，ADALINE 网络输出的就是输入的加权和，而加权和是一个线性函数（它定义了一条直线），因此 ADALINE 网络实现了从输入到输出的线性映射，ADALINE 模型因而被称为线性神经元。LMS 规则与感知器学习规则几乎完全一样，除了对于一个给定的样本，感知器的输出 $\hat{y}^t$ 被替换成输入的加权和：

$$w_i^{t+1} = w_i^t + \left(\eta \times \left(y^t - \left(\sum_{i=0}^{n} w_i^t \times x_i^t\right)\right) \times x_i^t\right)$$

LMS 更新规则的逻辑与感知器训练规则的逻辑是一样的。

当输出值太大时，正值输入的权重将会使输出值更大，因而需要减小这些权重，而负值输入的权重需要增大，从而使得再输入同样的值时输出值能够减小。同样的道理，当输出值太小时，正值输入的权重需要增大，而负值输入的权重需要减小。

Widrow 和 Hoff 的工作的一个重要方面是表明了 LMS 规则能用于训练神经网络以预测任意一个值，而不仅仅是 +1 或 −1。这种学习规则被称为最小均方算法，因为使用 LMS 规则迭代调整神经元的权重与最小化训练集上的均方误差是等价的。为了纪念其发明者，LMS 学习规则有时也被称为 Widrow-Hoff 学习规则；但是，该规则常被称为增量规则，因为它使用目标输出与实际输出之间的差值（或增量）来计算权重调整量。换句话说，LMS 规则指出权重的调整量应该与 ADALINE 网络输出值和目标输出值之间的差值成比例：当神经元的输出值误差较大时，权重调整量也较大；当神经元的输出值误差较小时，权重调整量也较小。

如今，感知器被认为是神经网络发展过程中的一个重要里程碑，因为它是第一个被实现出来的神经网络。然而，训练神经网络的大部分现代算法与 LMS 算法更相似。LMS 算法试图最小化神经网络的均方误差。正如第 6 章中将要讨论的，从技术上而言，这种迭代减小误差的过程包含了误差曲面上的梯度下降，而且，现在几乎所有的神经网络都是使用梯度下降的某个变种来训练的。

当模型输出值太大时，与正值输入相对应的权重需要减小，而当输出值太小时，这些权重需要增大。

4.1.3　异或问题

Rosenblatt、Widrow 和 Hoff 以及其他研究人员成功证明了神经网络模型能够自动学习区分不同的模式集合，他们的成功激发了大量有关人工智能和神经网络的研究。然而，1969 年，Marvin Minsky 和 Seymour Papert 出版了专著《感知器》，这一专著在神经网络研究历史上被认为一手毁掉了神经网络研究领域早期的激情与乐观 [32]。大家公认，整个 20 世纪 60 年代，神经网络研究被过分夸大了，并且在满足人们的高预期方面乏善可陈。Minsky 和 Papert 的专著对神经网络的表达能力提出了非常负面的看法，专著出版后，对神经网络研究的资助也中断了。

Minsky 和 Papert 的专著主要关注的是单层感知器。单层感知器与使用阈值激活函数的单个神经元是一样的，因此，单层感知器只能实现线性（直线）决策边界[⊖]，也就是说单层感知器只能学习区分满足下述条件的两类输入：能在输入空间中用一条直线将两类输入样本分开，其中一类样本在直线的一侧，而另一类样本在直线的另一侧。Minsky 和 Papert 指出这一局限性是感知器模型的不足之处。

要理解 Minsky 和 Papert 对单层感知器的批评，必须首

⊖ 图 3-6 和图 3-7 展示了使用阈值激活函数的神经元的线性（直线）决策边界。

先搞懂线性可分函数的概念。下面我们通过比较逻辑与、逻辑或以及逻辑异或函数来说明线性可分函数的概念。与函数有两个输入，其中每一个输入要么是真（用 T 表示）要么是假（用 F 表示），当两个输入都为真时与函数的输出值为真。图 4-2 的左图展示了与函数的输入空间，并将四种可能的输入组合中的每一种归类为输出值为真（图中的空心点）或输出值为假（图中的实心点）。该图表明对于与函数，可以在其输出为真的输入 {(T, T)} 和输出为假的输入 {(F, F), (F, T), (T, F)} 之间画一条直线，将它们分开。或函数和与函数类似，但它在两个输入中的一个或两个为真时输出为真。图 4-2 的中图表明对于或函数，也可以在其输入空间中用一条直线将其输出为真的输入 {(F, T), (T, F), (T, T)} 和输出为假的输入 {(F, F)} 分开。因为可以在这些函数的输入空间中用一条直线将其对应于一类输出的输入与对应于另一类输出的输入分开，所以将它们称为线性可分函数。

异或函数在结构上与与函数和或函数类似。但是，它仅当两个输入中的一个（而非全部）为真时才输出为真。图 4-2 的右图展示了异或函数的输入空间，并将四种可能的输入组合中的每一种按照输出是真（图中的空心点）还是假（图中的实心点）进行了分类。根据此图可以发现，无法在异或函数输出为真的输入和输出为假的输入之间画一条直线。因为无法用一条直线将异或函数对应于不同输出的输入分开，所以将它称为非线性可分函数。异或函数不是线性可分的，这一点并不稀奇，实际上有很多函数都不是线性可分的。

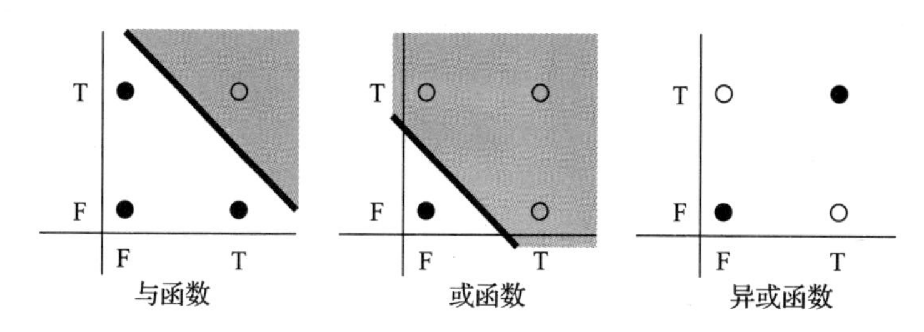

图 4-2　线性可分函数示意图，其中实心点表示函数输出为假的输入，空心点表示函数输出为真的输入（T 表示真，F 表示假）

Minsky 和 Papert 对单层感知器的关键批评是这些单层感知器模型无法学习像异或函数这样的非线性可分函数。造成这一局限性的原因是感知器的决策边界是线性的，因此单层感知器无法学习区分非线性可分函数不同类输出对应的输入。

在 Minsky 和 Papert 的专著出版的时代，人们已经知道可以构造定义非线性决策边界的神经网络，进而学习非线性可分函数（如异或函数）。创建具有更加复杂（非线性）的决策边界的网络的关键是增加网络的神经元层数。例如，图 4-3 展示了一个实现了异或函数的两层网络。在该网络中，逻辑真值和假值被映射为数值：假值用 0 表示，真值用 1 表示。当网络单元输入的加权和大于或等于 1 时，该单元被激活（输出 1）；否则，输出 0。注意，隐层单元实现了逻辑与和或函数，它们可被看成解决异或问题的中间步骤。输出层单元通过组合这些隐层的输出来实现异或。换句话说，只有当与节点没有被激活（输出为0）且或节点被激活（输出为1）时，输出层单元才输出真值。但是，那个时候人们并不清楚该如何训练多层网络。此外，在专著的结尾，Minsky和Papert提出，根据他们的判断有关将神经网络推广到多层的研究不会有什么结果[32]23。

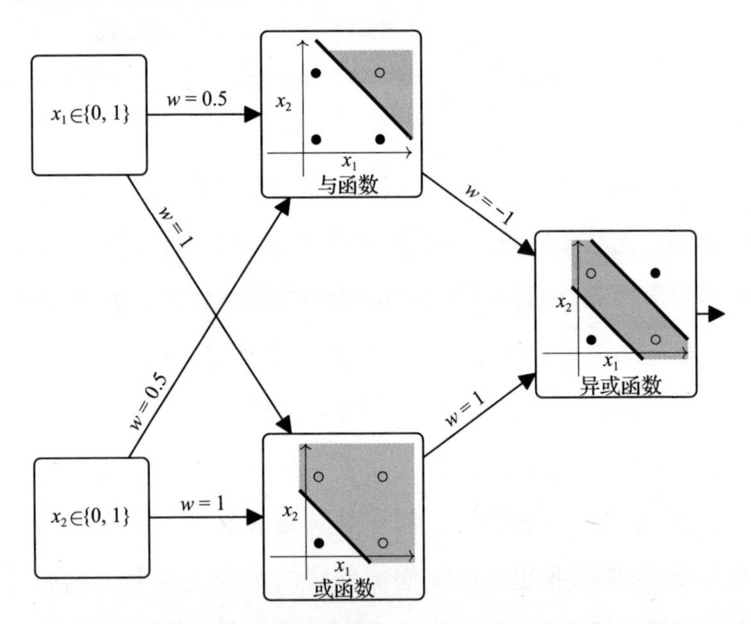

图4-3　一个能实现异或函数的网络。所有处理单元都使用阈值为1的阈值激活函数

有点讽刺意味的历史转折是，就在Minsky和Papert的专著出版的同一时代，乌克兰研究人员Alexey Ivakhnenko提出了数据处理的组方法（GMDH），并且在1971年发表了一

篇介绍如何使用组方法学习八层神经网络的论文[23]。如今，人们将Ivakhnenko在1971年提出的GMDH网络看成第一个公开发表的用数据训练的深度网络[46]。然而，Ivakhnenko的成就在很长一段时间里被广大的神经网络界严重忽视了，结果导致目前有关深度学习的工作很少有使用GMDH方法进行训练的：这些年，其他训练算法，比如反向传播（后面将详细介绍），成了神经网络界的标准训练算法。就在Ivakhnenko的成就被忽视的同时，Minsky和Papert的批评意见为人所信服，这预示着有关神经网络的第一个研究热潮的终结。

尽管如此，神经网络研究的第一段时期还是留下了一些遗产，这些遗产直到今天还在塑造着神经网络领域的发展。这段时期定义了人工神经元的基本内部结构：输入的加权和，以及作用于加权和的激活函数。这段时期还提出了在网络权重中存储信息的概念。此外，基于迭代更新权重的学习算法也被提了出来，还有实用的学习规则，如LMS规则。特别是，LMS规则提出的根据神经元输出值和目标输出值之间的误差调整神经元权重的思想仍然被大部分当代训练算法所采用。最后，在这段时期人们对单层神经网络的局限性也有了认识，而且已经发现克服这些局限性的一种方法——增加网络的神经元层数。但是，当时人们并不清楚怎样训练多层网络。要更新权重就必须了解权重是如何影响网络误差的。例如，在 LMS 规则中，当神经元的输出值太大时，作用在正值输入上的权重会导致输出值更大。因此，减小这些权重能降低输出值，从而降低网络的误差。但是，20 世纪 60 年代晚期，人们尚不清楚该如何对网络隐层神经元输入的权重与网络总体误差之间的关系进行建模，而缺少有关权重对误差的影响的估计，就不可能对网络隐层的权重进行调整。将一定的误差分配给网络中的组件这一问题有时被称为信贷分配问题或责任分配问题。

4.2 连接主义：多层感知机

进入 20 世纪 80 年代，人们开始反思 20 世纪 60 年代晚期的批评意见，认为当时的批评过于严重。这期间的两大进展带来了神经网络领域的复兴：Hopfield 网络和反向传播算法。

1982 年，John Hopfield 发表了一篇论文，文中提出了一种能够具有联想记忆功能的网络 [20]。联想记忆网络在训练过程中学习一组输入模式，训练好之后，当将一个被破坏了的输入模式输入网络时，网络能够重新生成完整的正确模式。联想记忆在很多任务中都很有用，包括模式补全和纠错。表 4-1[⊖]给出了用联想记忆实现模式补全和纠错的示例，其

⊖ 关于模式补全和纠错中使用联想记忆的示例是受参考文献 [28] 第 42 章中的一个示例的启发。

中的联想记忆网络被训练用于存储有关人们生日的信息。在 Hopfield 网络中，记忆或输入模式被编码成二进制串。假设这些二进制模式彼此之间差异明显，一个 Hopfield 网络可以存储 0.138N 个这样的二进制模式，其中 N 是网络中的神经元个数。因此，要保存 10 个不同的模式，需要含有 73 个神经元的 Hopfield 网络，而要保存 14 个不同的模式，则需要含有 100 个神经元的 Hopfield 网络。

表 4-1　用联想记忆实现模式补全和纠错的示例

训练模式	模式补全		
John**12May	Liz***?????	→	Liz***25Feb
Kerry*03Jan	???***10Mar	→	Des***10Mar
Liz***25Feb	**纠错**		
Des***10Mar	Kerry*01Apr	→	Kerry*03Jan
Josef*13Dec	Jxsuf*13Dec	→	Josef*13Dec

4.2.1　反向传播和梯度消失

1986 年，并行分布式处理（PDP）研究组的一群研究人员出版了两部有关神经网络研究的综述性专著 [43-44]，结果异乎寻常地畅销，其中第一部的第 8 章介绍了反向传播算法 [42]。虽然反向传播算法之前已被多次提及㊀，但是直到 Rumelhart、Hinton 和 Williams 通过 PDP 发表了上述专著中

㊀ 例如，Paul Werbos 于 1974 年完成的博士论文被认为是第一篇描述使用误差反传来训练人工神经网络的公开文献 [52]。

的章节，它才被广泛使用。反向传播算法是信贷分配问题的一种解法，因而可被用于训练含有隐层神经元的神经网络。反向传播算法可能是深度学习中最重要的算法。要清楚、完整地介绍反向传播算法，必须首先介绍误差梯度的概念，然后再介绍梯度下降算法。因此，有关反向传播的深入介绍被安排在了第 6 章，其中会首先介绍这些必要的相关概念。这里，我们快速、简要地介绍反向传播算法的一般结构。反向传播算法首先为网络中每一个连接赋予随机权重，然后将训练样本输入网络，根据输出结果迭代更新网络权重，直至网络能够得到预期的结果。该算法的核心包括两个阶段。在第一阶段（称为前向传播），一个训练样本被输入网络，通过从输入端到输出端的神经元的逐层激活，得到输出值。在第二阶段（称为反向传播），从输出层开始，沿着网络反向逐层处理，直至输入层。在这一过程中，首先计算输出层中每一个神经元的误差，然后根据这些误差更新输出层神经元的权重。接下来，每一个输出层神经元的误差被反传到与之相连的隐层神经元，由这些神经元共享，并按照它们与输出层神经元的连接权重在它们之间进行分配。一旦这一共享（或责任分配）过程在某个隐层神经元上完成了，分配给该隐层神经元的所有责任就被累加起来，并据此对它们的权重进行更新。然后，责任反向传播（或共享回传）过程在那些尚未被分配责任的神经元上继续重复进行。上述责任分配和权重更新过程在整个网络中从输出层到输入层反向持续进行，直至网络中的所有权重都被更新为止。

保证反向传播算法能够成功运行的一个关键创新是对神经元使用的激活函数的改变。神经网络研究早期提出的网络使用的是阈值激活函数。而阈值激活函数的输出在阈值处不连续，是不可微的，换句话说，阈值函数在阈值处的斜率是无穷大的，因而无法计算函数在该点的梯度。然而，反向传播算法要求网络神经元使用的激活函数必须是可微的，所以反向传播算法无法用于阈值激活函数。这也导致多层神经网络使用的大多是可微激活函数，如对数几率函数和双曲正切函数。

但是，使用反向传播算法训练深度网络存在一个内在局限性。20 世纪 80 年代，研究人员发现反向传播在相对较浅的网络（一个或两个隐层单元）上运行得很好，但是随着网络越来越深，网络要么需要异常长的时间进行训练，要么根本无法收敛到合适的权重上。1991 年，Sepp Hochreiter（与 Jürgen Schmidhuber 一起）在他的学位论文中指出了引起这个问题的原因在于算法反向传播误差的方式[18]。本质上，反向传播算法是微积分中链式法则的具体实现。链式法则中包括对一些项的乘法运算，而从一个神经元向后反传误差至另一个神经元的过程会涉及将误差与很多小于 1 的项相乘。随着误差信号在网络中反向传播，误差不断地与小于 1 的数值相乘。这导致误差信号在网络中越传越小。事实上，误差信号常常以与输出层距离的指数级关系在减小。这样引起的后果就是深度网络中靠前的层（浅层）的参数在每次迭代中往往只能调整非常小的量（甚至是0）。换句话说，浅层要么训练得非常非常慢，要么压根就保持初始化的随机值不变。然而，神经网络的浅层对于网络的成功至关重要，因为正是这些层从输入中检测出特征，后续层将其作为特征表示的基础，从而最终决定了网络的输出。正如第6章中将会详细介绍的，由于技术上的因素，网络中反向传播的误差信号其实是网络误差的梯度，因此，上述误差信号迅速减小到接近零的问题也被称为梯度消失问题。

4.2.2 连接主义、局部表示和分布式表示

尽管反向传播算法存在梯度消失问题，但它还是创造了训练更加复杂（深）的神经网络架构的可能性。这和连接主义原则是一致的。连接主义的思想是智能行为可以通过大量简单处理单元之间的相互连接来实现。连接主义的另一个思想是分布式表示。神经网络使用的局部和分布式表示之间有明显差异。在局部表示中，概念与神经元之间有一一对应关系，而在分布式表示中，每个概念是用一组神经元的激活模式来表示的。因此，分布式表示中的每个概念由多个神经元的激活状态表示，而每个神经元的激活都影响着多个概念的表示。

在分布式表示中，每个概念由多个神经元的激活来表示，而每个神经元的激活又影响着多个概念的表示。

为了说明局部表示和分布式表示之间的差异，考虑这样一个场景：用一组神经元的激活状态来表示不同的食物。每种食物有两个属性：菜谱的原创国家和它的口味。原创国家可能包括意大利、墨西哥和法国，而可能的口味有甜、酸和苦。因而，一共有九种类型的食物：意大利 + 甜、意大利 + 酸、意大利 + 苦、墨西哥 + 甜等。如果使用局部表示，我们将需要九个神经元，其中每个神经元对应于一类食物。然而，如果用分布式表示，我们将会有很多不同的方法。一种方法是给每种组合赋予一个二进制数。这种表示方法将只需要四个神经元，其中激活模式 0000 表示意大利 + 甜，0001 表示意大利 + 酸，0010 表示意大利 + 苦，依此类推，直到 1000 表示法国 + 苦。这是一种非常紧凑的表示方法。然而，在这种表示方法中，独立地看每个孤立神经元的激活并没有什么意义：最右侧神经元可能对于意大利 + 酸、墨西哥 + 甜、墨西哥 + 苦和法国 + 酸都会被激活（***1），如果没有其他神经元的激活信息，就不可能知道这个神经元表示的是哪个国家或哪种口味。不过，深度网络中隐层单元的激活缺少语义解释并不是什么问题，只要网络输出层中的神经元可以以某种方式组合这些表示并生成正确的输出。针对这个食物问题，另一种更加透明的分布式表示方法是使用三个神经元表示国家，使用三个神经元表示口味。在这种表示方法中，激活模式 100100 可以表示意大利 + 甜，001100 可以表示法国 + 甜，而 001001 可以表示法国 + 苦。可以独立解释每个神经元的激活，但是需要知道激活在神经元集合上的分布才能得到有关食物的完整描述（国家 + 口味）。注意，以上两种分布式表示都比局部表示更紧凑。这样的紧凑性能显著减少网络所需的权重数，而这又有利于缩短网络的训练时间。

分布式表示的概念在深度学习中非常重要。事实上，有人认为深度学习或许叫作表示学习更合适。这一提法的原因就在于网络隐层神经元学习了输入的分布式表示，而这些表示对于网络要学习的从输入到输出的映射而言是有用的中间表示。网络输出层的任务则是学习如何组合这些中间表示以得到想要的输出。回想一下图 4-3 中实现异或函数的网络，该网络的隐层单元学习了输入的中间表示，也就是与函数和或函数，而输出层则将这些中间表示进行了组合，最终得到想要的输出。在含有多个隐层的深度网络中，每一个后续隐层都可以看成在学习相对于前一层输出更加抽象的表示。正是这种通过学习中间表示进行逐步抽象化的能力使深度网络能够学习由输入到输出的非常复杂的映射。

4.2.3　网络架构：卷积神经网络和循环神经网络

一组神经元可以通过很多种不同的方式连接在一起。本书目前给出的网络实例中的神经元都是以相对不那么复杂的方式连接在一起的：神经元被组织成层，网络每一层中的每一个神经元直接与下一层中的所有神经元相连。由于这些网络中不存在环状结构，因此它们被称为前馈网络：所有连接都是从输入指向输出的。这些网络还被认为是全连接的，因为每个神经元都和下一层中的所有神经元相连。然而，设计和训练非前馈的、非全连接的网络也是可能的，而且往往很有用。设计正确的网络架构可以看成将网络想要学习建模的问题的特性信息编码到网络架构中。

设计用于图像目标识别的卷积神经网络（CNN）便是将领域知识编码进网络架构中的一个非常成功的例子。20 世纪 60 年代，Hubel 和 Wiesel 在猫的视觉皮层上进行了一系列实验[21-22]。实验中，他们将电极插入被注射了镇静剂的猫的大脑中，然后向猫展示不同的视觉刺激，根据电极产生的信号研究猫的大脑细胞对这些视觉刺激的反应情况。他们使用的视觉刺激包括出现在视场中某个位置或在视场中某个区域内移动的亮斑或亮线。实验结果表明不同细胞会对视场中不同位置出现的不同视觉刺激做出反应：实际上，对于出现在视场中某个特定区域的某种特定类型的视觉刺激，视觉皮层中的某一个细胞会被激发。细胞产生响应的视场区域被称为细胞的感受野。这些实验的另一个成果是对两种类型的细胞的区分："简单的"和"复杂的"。对于简单细胞，视觉刺激的位置非常重要，一段微小的位移都会引起细胞响应的显著下降。但是，不管视觉刺激出现在视场中的什么位置，复杂细胞都会对目标视觉刺激产生响应。Hubel 和 Wiesel 于 1965 年提出复杂细胞的行为就好像是从很多简单细胞接收投射，而所有这些简单细胞都对相同的视觉刺激做出响应，只是它们响应的视觉刺激在感受野中的位置不同。这种从简单细胞到复杂细胞的分层结构使得较大视场区域中的视觉刺激由一组简单细胞汇聚到一个复杂细胞。图 4-4 说明了这种汇聚效应。图中展示了一层简单细胞，每一个简单细胞监视视场中不同位置的一片感受野。复杂细胞的感受野覆盖了整个简单细胞层，而且只要它的感受野中的任意一个简单细胞被激活，这个复杂细胞就会被激活。这样，复杂细胞就能对视场中任意位置出现的视觉刺激做出响应。

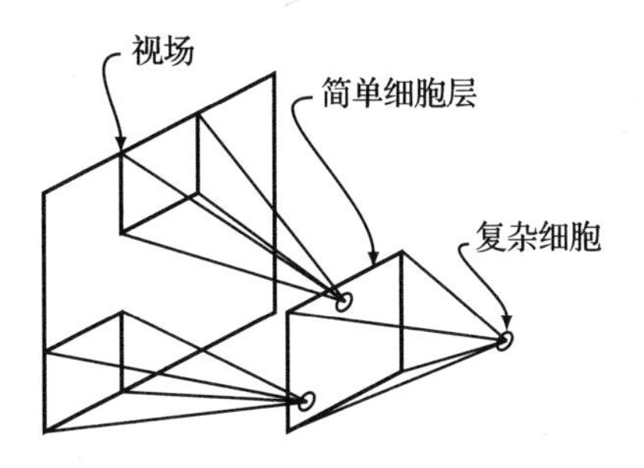

图 4-4　由分层的简单细胞与复杂细胞形成的感受野汇聚效应

20 世纪 70 年代晚期和 20 世纪 80 年代早期，受到 Hubel 和 Wiesel 关于视觉皮层的分析的启发，Kunihiko Fukushima 提出了一种用于视觉模式识别的神经网络架构，称为神经认知机[9]。神经认知机的设计基于以下观察：图像识别网络应该能够识别出图像中是否含有视觉特征，而不管视觉特征出现在图像中的什么位置——或者用更技术一点的术语来说，就是网络必须能够进行空间不变的视觉特征检测。例如，人脸识别网络需要识别出图像中任意位置出现的眼睛的形状，就像 Hubel 和 Wiesel 的分层模型中的复杂细胞能够检测出出现在视场中任意位置的视觉特征。

Fukushima 意识到 Hubel 和 Wiesel 分层模型中简单细胞的功能可以在神经网络中实现：让一层中的神经元全部使用相同的权重，但是每个神经元接收输入域中不同位置的一小块固定区域（感受野）的信息作为输入。为了理解共享权重的神经元与空间不变视觉特征检测之间的关系，想象这样一个神经元，它接收从一幅图像的一块区域中采样得到的一组像素值作为输入，作用在这些像素值上的权重定义了一个视觉特征检测函数，该函数在输入像素中出现某种特定的视觉特征（模式）时输出真（高激活值），否则输出假。因此，如果一组神经元都使用同样的权重，那么它们将实现相同的视觉特征检测器。如果在选择这些神经元的感受野时使它们的感受野加在一起可以覆盖整幅图像，那么不管视觉特征出现在图像中的什么位置，这一组神经元中至少有一个能检测出这个视觉特征从而被激活。

Fukushima 还认识到 Hubel 和 Wiesel 提出的汇聚效应（将简单细胞汇聚进复杂细胞）可以通过后续层中的神经元实

现，只要它们接收之前层中一小块区域中一组固定的神经元的输出作为输入。通过这种方式，网络最后一层中的神经元分别接收整个输入域中的不同区域的输入，从而使得网络能够检测到出现在视觉输入中任意位置的视觉特征。

神经认知机中的一些权重是通过手动设置的，一些则是通过无监督训练设置的。在训练过程中，每次将一个样本输入网络，从对该输入样本产生较大输出的神经元层中选出共享权重的某一层神经元，然后更新这一层神经元的权重以强化它们对输入模式的响应，而其他神经元的权重则保持不变。1989 年，Yann LeCun 为图像处理任务专门设计了卷积神经网络（CNN）架构[26]。CNN 架构中有很多源自神经认知机的设计特性，但 LeCun 进一步给出了使用反向传播算法训练这类神经网络的方法。CNN 在图像处理和其他任务中取得了难以置信的成功。一个特别有名的例子就是 AlexNet 网络，它于 2012 年赢得了 ImageNet 大规模视觉识别挑战赛（ILSVRC）的冠军[25]。ILSVRC 的比赛目的是识别出照片中的目标。AlexNet 在 ILSVRC 中的成功引发了大量针对 CNN 的研究热情，而且从 AlexNet 之后，很多其他类型的 CNN 架构也赢得了 ILSVRC 的冠军。CNN 是最流行的深度神经网络之一，本书第 5 章将会详细介绍 CNN。

循环神经网络（RNN）是另一类针对特定领域的特点而设计的神经网络架构。设计 RNN 是为了处理序列数据，比如语言。RNN处理一个数据序列（如一个句子）时，每次接收一个数据作为输入。RNN只有一个隐层。但是，每一个隐层神经元的输出不仅向前传给输出层神经元，而且被暂时保存在缓存中，待接收到下一个输入时作为反馈信息一起输入隐层神经元。因此，每次网络处理一个输入时，隐层中的每个神经元既接收当前的输入，又接收隐层根据上一个输入产生的输出。为了理解这一过程，读者可以跳到图5-2看一下RNN的结构示意图，以及网络中的信息流。隐层对一个输入的输出连同下一个输入一起再输入隐层，这样一种循环结构赋予了RNN记忆能力，使它在处理每一个输入时能够考虑它之前已经处理过的输入[⊖]。RNN之所以被认为是深度网络是因为，它的输入序列数据有多长，它不断进化的记忆就有多深。

Elman网络是早期一种知名的RNN。1990年，Jeffrey Locke Elman在其发表的一篇论文中介绍了一种RNN，用于预测包含两个或三个单词的简单句子的结束[7]。该模型的训练数据是由人工语法生成的简单句子组成的合成数据集。其中的语法根据一个包含了23个单词的词典构建，每个单词被归入一个词汇范畴（如男人是人类名词，女人是人类名词，吃是吃类动词，饼干是食物类名词，等等）。借助这个词典，语法定义了15种句子生成模板（如人类名词+吃类动词+食

⊖ 本节开始时介绍的Hopfield网络结构中也包含循环连接（即神经元之间的反馈回路）。然而，Hopfield网络结构的设计并不是为了处理序列数据。因此，一般并不将Hopfield网络看成一个完全的RNN结构。

物类名词，可以生成类似于“男人吃饼干”这样的句子)。模型训练好之后就可以进行合理的续句了，例如“女人 + 吃 + ?”的续句结果是“饼干”。此外，一旦网络模型开始运行后，通过使用它自己生成的上下文作为下一个单词的输入，它就能够生成由多个句子组成的更长的句子，比如下面这个包含了三个句子的例子：

女孩吃面包狗移动老鼠老鼠移动书

尽管上述句子生成任务只是应用在了一个非常简单的领域，但 RNN 生成合理句子的能力证明了神经网络可以在不需要显式语法规则的情况下对语言表达能力进行建模。因此，Elman 的工作对语言心理学和心理学产生了巨大影响。下面这段文字出自参考文献 [3]，它反映了 Elman 的工作在一些研究人员心目中的重要意义：

这个网络的表达能力显然只是任何一个讲英语的正常人所具备的广泛语言能力中非常微小的一部分。但是表达能力就是表达能力，而且显然循环网络能具备这样的能力。Elman 这一引人注目的示范很难解决网络方法和以规则为中心的语法方法之间的争论。那些争论总有一天会解决，但是它们之间现在已经是均势了。而我已经毫无保留地表明了我更倾向于哪种方法 [3]143㊀。

㊀ 我最早是在参考文献 [29]（第 25 页）中看到 Churchland 的这句名言。

虽然RNN在序列数据上表现得很好，但是梯度消失问题在这些网络中特别严重。Sepp Hochreiter和Jürgen Schmidhuber曾在1991年给出了梯度消失问题的一个解释，1997年他们提出了长短时记忆（LSTM）单元来解决RNN中的梯度消失问题[19]。这些单元的命名反映了神经网络在训练过程中对长时记忆（可以理解成需要经过一段时间才能学习到的概念）进行编码和对短时记忆（可以理解为系统对即时刺激的响应）进行编码之间的不同。在神经网络中，通过对网络权重的调整来实现对长时记忆的编码，而且一旦训练完成后，这些权重就不再改变。通过在网络中传播的激活状态来将短时记忆编码在网络中，而这些激活状态会迅速衰减。LSTM单元的设计特点是它能使网络中的短时记忆（激活状态）长时间在网络中传播（或者说形成一系列的输入）。LSTM的内部结构相对比较复杂，我们将在第5章中详细介绍。LSTM能长时间传播激活状态这一事实使得它们能够处理包含长距依赖关系的序列数据（即序列中间隔两个以上位置的元素之间存在交互关系）。比如英文句子中主语与动词之间的相互依赖关系：The dog/dogs in that house is/are aggressive㊀。这种特点使LSTM网络适合于处理语言，而且很长一段时间内它们已经成为包括机器翻译在内的很多自然语

㊀ 这句话的意思是那间房子里面的狗有点凶。谓语动词使用is还是are取决于主语，即房子中的狗有几只。——译者注

言处理模型的默认神经网络架构。例如 2014 年提出的序列到序列（seq2seq）机器翻译架构就是顺序相连的两个 LSTM 网络[48]。其中第一个 LSTM 网络作为编码器，逐一处理输入序列中的每一个输入数据，生成相应的分布式表示。因为这个 LSTM 网络将输入单词序列编码成分布式表示，所以它被称为编码器。第二个 LSTM 网络作为解码器，使用输入的分布式表示进行初始化，通过训练，它可使用反馈循环依次生成输出序列中的每一个元素。在反馈循环中，网络最新生成的输出元素在下一个时间段被作为输入反馈给网络。如今，这个 seq2seq 架构已经成为大部分当代机器翻译系统的基础，第 5 章中将会更详细地进行介绍。

到了 20 世纪 90 年代后期，深度学习所需的大部分概念都已经被提出来了，包括多层网络的训练算法和直到今天依然非常流行的网络架构（CNN 和 RNN）。然而，梯度消失问题仍然制约着深度网络的构造。而且，在商业上，神经网络在 20 世纪 90 年代（与 20 世纪 60 年代相似）又经历了一波炒作以及很多不切实际的预期。与此同时，其他形式的机器学习模型取得了很多突破，例如支持向量机（SVM）的发展，它成为机器学习研究领域的热点：彼时，SVM 达到了与神经网络模型相当的精度，但是却更容易训练。所有这些因素导致了有关神经网络的研究日益减少，直到深度学习的出现。

4.3 深度学习时代

首次使用深度学习这一术语的是 Rina Dechter[4]，虽然在他的论文中深度学习与神经网络并没有关系。而首次将深度学习与神经网络联系起来使用的是 Aizenberg 等人 [1]㊀。在 21 世纪 00 年代中期，人们对神经网络的兴趣又开始增长，正是在这一时期深度学习一词开始被广泛用于表示深度神经网络，其意在突出需要训练的网络相比以往的网络要深得多。

神经网络研究进入深度学习时代后，早期的一大成功是 Geof-frey Hinton 与他的同事们证明了可以使用称为贪心逐层预训练的过程训练深度神经网络。贪心逐层预训练首先训练直接接收原始输入的那一层神经元。有很多方法可以对这一层神经元进行训练，其中一种非常流行的方法是使用自编码器。所谓自编码器是一种三层神经网络：一个输入层，一个隐层（编码层），和一个输出层（解码层）。训练自编码器网络时要求输出端能够重构它接收到的输入；换句话说，网络输出的是与它接收到的输入完全一样的数值。这种网络的一个非常重要的特点是它们被设计用于简单地将输入复制为输出。例如，一个自编码器必需的隐层含有的神经元可能比

㊀ 对《自然》第 521 期、第 436 页的论文“Deep Learning Conspiracy”的批评，由 Jürgen Schmidhuber 于 2015 年 6 月发表，参见 http://people.idsia.ch/~juergen/deep-learning-conspiracy.html。

输入层和输出层的神经元还少。由于自编码器努力在输出层重构输入，而信息必须从输入端通过隐层的瓶颈，这就迫使自编码器必须在隐层中学习对输入数据的编码，而且该编码只捕捉输入数据中最重要的特征，舍弃那些冗余或不必要的信息[⊖]。

4.3.1　使用自编码器进行逐层预训练

在逐层预训练中，初始的自编码器学习网络原始输入数据的编码。一旦这样的编码被学到以后，自编码器中的隐编码层单元就被固定下来，同时输出（编码）层会被抛弃。然后训练第二个自编码器，但是这个自编码器需要重构的是，将数据输入初始自编码器的编码层时得到的表示。实际上，第二个自编码器是放置在第一个自编码器的编码层之上的。这种堆叠编码层的方法被认为是一种贪心过程，因为每个编码层的优化独立于它之后的层；换句话说，每个自编码器只关注于它当前任务的最优解（学习它必须重构的数据的有用编码），而非努力找到网络要求解的整个问题的解。

⊖ 还有一些其他方法可以约束自编码器，使其避免学到从输入到输出的毫无意义的恒等映射。比如，在输入中加入噪声，并训练网络根据含噪声的输入数据重构出不含噪声的数据。还有一种方法是限制隐层（或编码层）中的神经元只能取二进制值。事实上，在 Hinton 等人有关预训练的最早工作中，他们使用了称为受限玻尔兹曼机（Restricted Boltzman Machine，RBM）的网络，其中的编码层就用到了二值神经元。

足够数量的编码层[⊖]被训练好后，可以再进行一个调整阶段。在调整阶段，训练网络的最后一层来预测网络的目标输出。与预训练网络中靠前的层不同，最后一层的目标输出并不是输入向量，而是由训练数据集给定。最简单的调整方法是固定预训练层不变（也就是在调整过程中预训练层的权重保持不变），但是在调整阶段也可以训练整个网络。如果在调整阶段对整个网络进行了训练，那么逐层预训练只是为了找到网络中靠前层的有用的初始权重值。此外，在调整阶段训练的最终预测模型并不一定是神经网络，非常有可能将逐层预训练得到的数据表示作为其他完全不同类型的机器学习算法的输入，比如支持向量机或最近邻算法。这种情形非常好地说明了神经网络如何在最终预测任务被学习之前先学习数据的有用表示。严格说来，预训练指的只是对自编码器的逐层训练。但是，预训练在实际应用中也常被用来表示模型从逐层训练到调整的整个阶段。

图 4-5 展示了逐层预训练中的不同阶段。其中左图显示了训练初始自编码器的情况，这个自编码器的编码层含有三个单元（实心圆），其目标是学习有用的表示以重构长度为 4 的输入向量。中图展示了在第一个自编码器的编码层之上再训练第二个自编码器的情况。在这个自编码器中，含有两个单元的隐层试图学习长度为 3 的输入向量的编码（也是最初的

⊖ 预训练时究竟训练多少层，这是一个超参数，一般根据直觉或者通过试错法来确定。

长度为 4 的输入向量的编码）。每个图中用灰色背景标出了在相应的训练阶段中固定不变的网络模块。右图展示了调整阶段，该阶段训练最终的输出层，以实现对模型目标特征的预测。在这个例子中，网络中的预训练层在调整阶段保持不变。

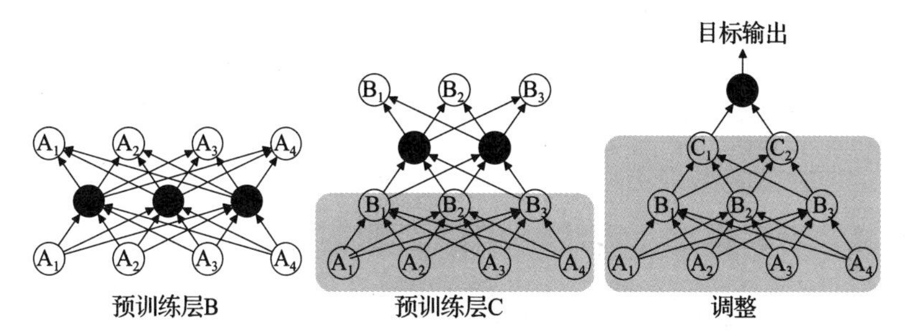

图 4-5　贪心逐层预训练中的预训练阶段和调整阶段。实心圆表示的神经元是每个训练阶段的主要训练目标。灰色背景标示了每个训练阶段中固定不变的那些网络部分

逐层预训练在深度学习的发展历程中非常重要，因为它是第一个广泛使用的训练深度网络的方法[1]。但是，现在的深度学习网络大部分都不是使用逐层预训练方法训练的。21 世纪 00 年代中期，研究人员开始意识到梯度消失问题并不是绝对的理论局限性，而是能够被克服的现实障碍。梯度消失问题并不是说误差梯度完全消失了，还是会有梯度被反传到网络中靠前的层，只是它们太小了。如今，已经证明有许多因素对于成功训练深度网络非常重要。

[1] 早在 1971 年，Alexey Ivakhnenko 的 GMDH 方法就已经能够训练深度网络了（最多可以有 8 层），但是这种方法却被其他研究人员严重忽视了。

21 世纪 00 年代中期，研究人员开始意识到梯度消失问题并不是绝对的理论局限性，而是能够被克服的现实障碍。

4.3.2 权重初始化和 ReLU 激活函数

网络权重的初始化方法是成功训练深度网络的一个重要因素。权重初始化方法对网络训练的影响原理尚不清楚。但是，已有经验表明，一些权重初始化方法有助于深度网络的训练。Glorot 初始化[⊖]是深度网络中常用的一种权重初始化方法，尽管它做出了很多假设，但是实际使用中它被证明是有效的。为了直观理解 Glorot 初始化方法，考虑集合中值的数量级与该集合的方差之间的典型关系：一般而言，集合中的值越大，其方差也越大。因此，如果在网络某一层中传播的一组梯度的方差与在网络另一层中传播的一组梯度的方差接近，那么在这两层中传播的梯度的数量级很可能也是接近的。此外，一层中的梯度方差与该层权重的方差有关，因此，为了保持网络中传播的梯度，一种可能的策略是确保网络中的每一层具有近似的方差。Glorot 初始化方法的目标就是使网络中所有层前向传播的激活值和反向传播的梯度值相互接近。为此，Glorot 初始化方法定义了一个启发式规则，即根据下述均匀分布对网络权重进行采样（其中，w 是正在被初始化的第 j 层和第 $j+1$ 层之间的连接权重，$U[-a, a]$ 是区间（$-a, a$）

⊖ Glorot 初始化也被称为 Xavier 初始化。这两种称呼都是为了纪念 Xavier Glorot。他是下面这篇首次提出该初始化方法的论文作者之一：Xavier Glorot and Yoshua Bengio. Understanding the Difficulty of Training Deep Feedforward Neural Networks[C]//in Proceedings of the 13th International Conference on Artificial Intelligence and Statistics (AISTATS). 2010: 249-256.

上的均匀分布，n_j 是第 j 层中的神经元个数，而符号 $w\sim U$ 表示 w 的值是对分布 U 进行采样得到的）[⊖]：

$$w \sim U\left[-\frac{\sqrt{6}}{\sqrt{n_j + n_{j+1}}}, \frac{\sqrt{6}}{\sqrt{n_j + n_{j+1}}}\right]$$

影响深度网络训练成败的另一个因素是神经元中选用的激活函数。在神经元中反向传播误差梯度需要将梯度乘以激活函数在前向传播过程中记录的神经元激活值处的导数值。对数几率激活函数和双曲正切激活函数的导数具有很多特性，这些特性使得它们在被用于上述乘法步骤时梯度消失问题更加严重。图 4-6 给出了对数几率函数及其导数的曲线图。导数的最大值等于 0.25，因而，误差梯度与对数几率函数在神经元激活值处的导数值相乘后，梯度的最大值将会变成上述乘法运算之前的梯度值的四分之一。使用对数几率函数的另一个问题是该函数在大部分定义域中处于**饱和状态**（函数值非常接近于 0 或 1），变化率接近于 0，因而函数的导数也接近于 0。这一点并不利于反向传播误差梯度，因为它会导致当神经元在上述饱和区域中被激活时，误差梯度通过该神经元进行反向传播后变成 0（或接近于 0）。2011 年，研究人员证明使用线性整流激活函数 $g(x) = \max(0, x)$，可以改进对深

⊖ Glorot 初始化也可以定义为从一个均值为 0、标准差为 $\sqrt{2}/(n_j + n_{j+1})$ 的高斯分布中对权重值进行采样。Glorot 初始化的这两种定义的目标是一样的，都是为了保证网络中所有层的激活值及梯度值有相似的变化范围。

度前馈神经网络的训练[11]。使用线性整流激活函数的神经元被称为线性整流单元（ReLU）。ReLU 的一大优点是，在其定义域的正值部分，激活函数是线性的，而且导数值等于 1。这意味着，当激活值为正值时，梯度可以在 ReLU 中非常容易地反向传播。但是 ReLU 也有缺点：在其定义域的负值部分，激活函数的梯度等于 0，因而 ReLU 在这一区域内无法训练。尽管这一点并不是我们期望的，但是它对于学习而言未必是致命的缺点，因为在激活值为正的 ReLU 层中梯度还是可以反向传播的。另外，ReLU 还有不少变体，这些变体在定义域的负值部分也引入了梯度，其中常用的一个变体就是 leaky ReLU[27]。如今，ReLU（或它的变体）是深度学习研究中最常用的神经元。

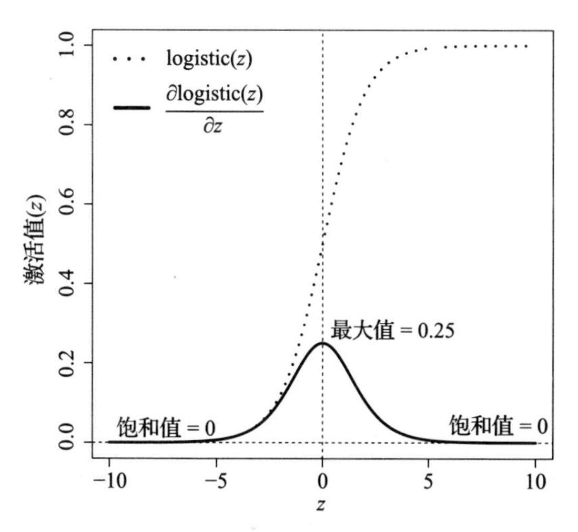

图 4-6　对数几率函数及其导数的曲线图

4.3.3 良性循环：更好的算法、更快的硬件、更大规模的数据

虽然改进的权重初始化方法和新的激活函数都为深度学习的进步做出了贡献，但是近年来计算能力的提升和数据集规模的大量增长已经成为推动深度学习发展的两个最重要的因素。从计算的角度来看，深度学习的主要飞跃发生于21世纪00年代晚期，深度学习领域使用图形处理单元（GPU）来加速训练的时候。神经网络可以看成被非线性激活函数间隔开的一系列矩阵乘法，而GPU正是针对快速矩阵乘法进行了专门优化的硬件。因此，GPU是加速神经网络训练的理想硬件，它的使用为这一领域的发展做出了重要贡献。2004年，Oh和Jung使用GPU实现神经网络，取得了20倍的性能提升[35]，其后发表的另外两篇论文进一步证明了GPU在加速神经网络训练方面的潜力：Steinkraus等人[47]使用GPU训练了一个两层神经网络，而Chellapilla等人[2]使用GPU训练了一个CNN。然而，在那个时期，要使用GPU训练网络存在重大的编程挑战（训练算法需要使用一系列图形操作来实现），这妨碍了神经网络研究人员使用GPU。2007年，英伟达（NVIDIA，一家GPU生产商）发布了GPU的类C编程接口CUDA㊀（计算统一设备架构），显著降低了编程难度。英伟达专门设计CUDA就是为了方便在通用计算任务中使用GPU。CUDA发布后，使

㊀ https://developer.nvidia.com/cuda-zone。

用 GPU 加速神经网络的训练成为标准做法。

然而，即便有了更加强大的计算机处理器，如果没有可用的大规模数据集，深度学习也是不可能实现的。互联网和社交媒体平台的发展以及智能手机和物联网传感器的推广，使得过去十年间能够获取的数据的规模以难以置信的速度增长，收集大规模数据集变得更加容易。这样的数据增长对于深度学习而言至关重要，因为神经网络模型对于较大的数据集具有很好的扩展性（而实际上，它们处理较小数据集的效果并不好）。这激励着人们考虑如何利用这些数据拓展新应用和进行创新。这反过来又激发了对新的（更加复杂的）计算模型的需求，以实现拓展的新应用。而且，大数据和更加复杂的算法的结合需要更快的硬件才能处理必要的计算负担。图 4-7 展示了大数据、算法突破（如更好的权重初始化和 ReLU 等）以及改进的硬件之间的良性循环，它们正在推动深度学习的革命。

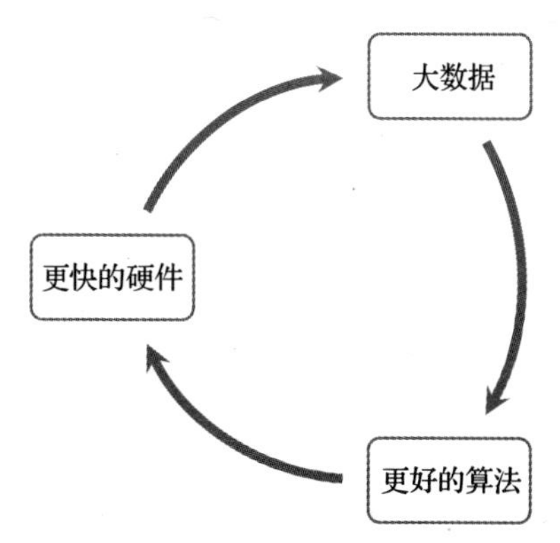

图 4-7　推动深度学习发展的良性循环。该图受到了参考文献 [37] 中图 1-2 的启发

4.4 本章小结

深度学习的发展历史解释了它隐含的很多主题。深度学习经历了从简单二值输入到更加复杂的连续值输入的转变。深度学习模型在诸如图像处理和语言之类的高维领域中的有效性使得使用更加复杂的输入的趋势仍然还在持续。图像常常含有数千个像素，而语言处理需要具备表示和处理几十万个不同单词的能力。这成就了深度学习在这些领域中的一些知名应用，例如脸书的人脸识别软件和谷歌的神经机器翻译系统。越来越多的新领域在收集大规模的复杂数字化数据集。未来，深度学习有望发挥重大影响的是医疗保健领域和含有大量传感器的汽车自动驾驶领域。

有点令人惊讶的是，这些强大模型的核心竟然是简单的信息处理单元：神经元。连接主义者认为有用的复杂行为可以通过大量简单处理单元之间的交互来实现，这一点直到今天仍然是对的。这种自然发生的行为是通过学习日益复杂的特征的分层抽象表示的网络中的一系列层产生的。这种分层抽象表示是通过每个神经元学习其收到的输入的一个简单变换来得到的。然后，网络作为一个整体组合这些较小的变换以实现对输入的复杂（且高度）非线性的映射。模型的输出由最终的输出层神经元根据分层抽象化学习得到的表示来生成。这就是为什么深度对于神经网络如此重要：网络越深，学习复杂非线性映射的能力就越强。在很多领域中，输入数据和目标输出之间就是这样的复杂非线性映射，因而深度学习相比其他机器学习方法能够做得更好。

创建神经网络的一个重要方面是为网络中的神经元选择什么样的激活函数。网络中每个神经元的激活函数决定了网络的非线性程度，因而如果网络想要学习输入到输出的非线性映射就必须使用激活函数。随着网络的发展，它们使用的激活函数也在发展。新的激活函数的产生贯穿着整个深度学习的发展历史，而它们的发展则是由对具有更好的误差梯度传播特性的函数的需求来驱动的：从阈值函数到对数几率函数和双曲正切函数的转变就是因为需要函数是可微的，这样才能进行反向传播；而最近出现的 ReLU 激活函数则是因为希望改进误差梯度在网络中的传播。关于激活函数的研究还在不断进行，新的函数有望在未来被研究出来，并应用于神经网络中。

创建神经网络的另一个重要方面是决定采用什么样的网络结构：比如，网络中的神经元应该如何连接在一起？下一章，我们将讨论这一问题的两种非常不同的答案：卷积神经网络和循环神经网络。

5

第 5 章

卷积神经网络和循环神经网络

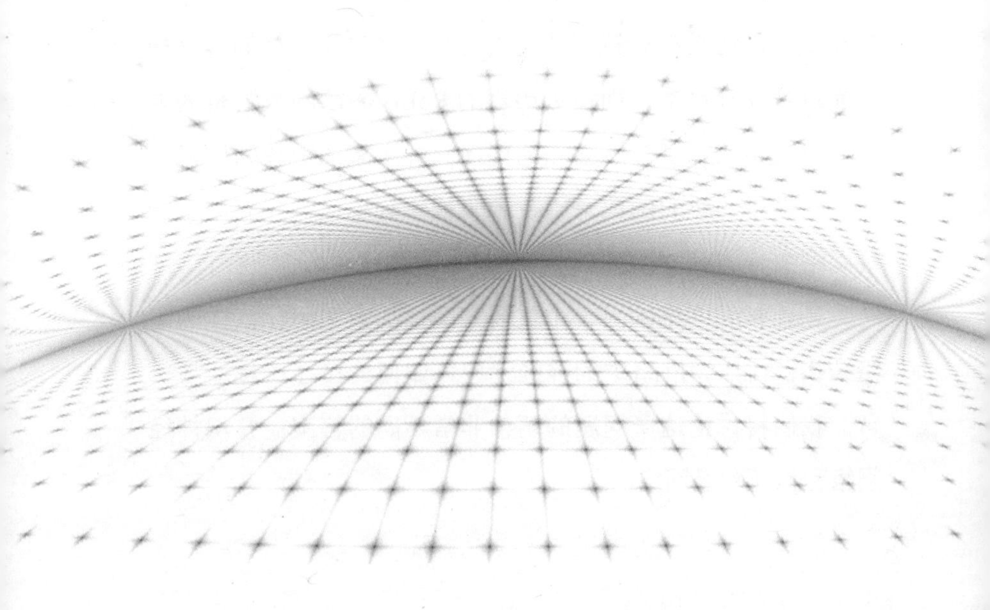

针对任务域中数据的特点定制网络结构可以减少网络的训练时间，提升其准确率。定制方法有很多，例如：限制相邻层神经元之间的连接，只取其中的一部分（而不是全连接）；令神经元之间共享权重；或者在网络中引入后向连接。按照这些方式定义网络可以看成将领域知识应用于网络中。另一种解释是：定制网络结构限制了网络能够学习的函数集，从而引导网络找到有用的解。尽管使网络结构适用于任务领域并不是件容易的事，但是对于数据结构非常规则的领域（如文本那样的序列数据或图像那样的网格状数据），有一些广为人知的网络架构已经被证明非常有效。本章将介绍两种最流行的深度学习架构：卷积神经网络和循环神经网络。

5.1　卷积神经网络

卷积神经网络（CNN）被设计用于图像识别任务，最初它被应用于手写数字的识别[9, 26]。CNN 的基本目标是创建这样一种网络：网络中浅层的神经元提取局部视觉特征，深层的神经元融合这些特征以形成更高阶的特征。局部视觉特征的内容局限于图像中的一小块区域，或一组相邻的像素点。例如，在人脸识别任务中，CNN 中的浅层神经元学习如何对简单的底层局部特征（如特定方向的直线或曲线段）进行激活，而深层神经元将这些底层特征融合成表示面部组件的特征（如眼睛或鼻子），网络最后几层的神经元综合对面部组件的激活以识别图像中人脸的身份。

在这种方法中，图像识别的基本任务是学习能够鲁棒地识别局部视觉特征是否出现在图像中的特征检测函数。学习函数的过程正是神经网络的核心，该过程可以通过学习网络中连接的合适权重值来实现。CNN 通过这种方法学习局部视觉特征的检测函数。然而，这里的一个挑战是，设计的网络结构必须能够检测出图像中的局部视觉特征，而不管它们出现在图像中的什么位置。换句话说，特征检测函数必须是平移不变的。例如，无论人眼是出现在图像的中心，还是出现在图像的右上角，人脸识别系统都必须能够识别出它的形状。正如 Yann LeCun 在 1989 年所说的那样，对平移不变性的要求已经成为图像处理中 CNN 设计的一个主要原则：

能够检测出输入图像中任意位置的特定特征的一组特征检测子看起来非常有用。由于特征的精确位置对分类结果并没有什么影响，所以我们能够接受在处理过程中丢失一些位置信息[26]。

CNN 通过在神经元之间共享权重来实现局部视觉特征检测的平移不变性。在图像识别中，神经元实现的函数可以看成视觉特征检测子。例如，网络第一个隐层中的神经元以一组像素值作为输入，如果这组像素中出现了特定的模式（局部视觉特征），那么神经元就输出高激活值。神经元实现的函数是由神经元使用的权重定义的，这意味着如果两个神经元使用了相同的权重值，那么它们实现的函数（特征检测子）也是相同的。在第 4 章中，我们使用了感受野来描述神经元接收到的输入所对应的区域。当共享权重的两个神经元的感受野不一样（即每个神经元处理不同的输入区域）时，它们就相当于一个特征检测子，而且只要特征在两个感受野中的一个里面出现，这个特征检测子就会被激活。因此，具备平移不变特征检测能力的网络可以通过如下方法来实现：构建一组共享权重的神经元，使其中每个神经元处理图像的不同区域，并且这些神经元的感受野综合起来可以覆盖整个图像。

CNN 在图像中寻找局部特征的过程可以类比成用一个只有较窄光束的手电筒在一个黑暗的房间中查看一幅图像。在任一时刻，你可以将手电筒指向图像中的一块区域，查看其中的特征。在这个手电筒的比喻中，手电筒在任一时刻照到的图像区域等价于一个神经元的感受野，因此将手电筒照向某个位置就等价于将特征检测函数作用于那个位置的区域。但是，如果想要查看完整的图像，就需要以一种更加系统的方式来决定手电筒的指向。例如，你或许会先将手电筒照向图像的左上角，查看那个区域，然后再将手电筒向右移动，依次查看图像上每一个被照亮的区域，直至移动到图像的最右侧。接下来，将手电筒移到图像的最左侧，照向开始位置的下方，再次向右移动并依次查看图像上被照亮的区域。重复上述过程，直至移动到图像的右下角。顺序查看图像上的每一个位置，并在每个位置处对（被照亮的）局部区域应用同样的函数，这个过程实质上就是将函数与图像做卷积运算。在 CNN 中，这样的顺序查看图像的过程可以通过一组共享权重的神经元来实现，这些神经元的感受野综合起来覆盖了整幅图像。

图 5-1 展示了 CNN 中常见的不同处理阶段。图中左侧的 6 × 6 矩阵表示输入 CNN 的图像。紧挨着输入图像右边的 4 × 4 矩阵表示一层神经元，这些神经元一起在整幅图像中查找特定的局部特征。该层中的每一个神经元与输入图像上不同的 3 × 3 感受野（区域）相连接，而且它们都使用相同的权重矩阵来处理输入：

$$\begin{bmatrix} w_0 & w_1 & w_2 \\ w_3 & w_4 & w_5 \\ w_6 & w_7 & w_8 \end{bmatrix}$$

该层中 [0, 0] 位置（左上角）处的神经元的感受野覆盖了输入图像左上角的 3 × 3 区域，如图中灰色正方形所示。从这个灰色区域中的每个位置指出来的点线箭头表示 [0, 0] 位置处的神经元的输入。[0, 1] 位置处的相邻神经元的感受野在输入图像中用粗边框的 3 × 3 正方形标示了出来。注意，这两个神经元的感受野相互之间有重叠。重叠区域的大小由一个称为步长的超参决定。在图 5-1 的例子中，步长等于 1，这意味着对于该层中移动的每一个位置，神经元的感受野在输入图像上也以同样的幅度进行平移。当步长增大时，感受野之间的重叠区域会变小。

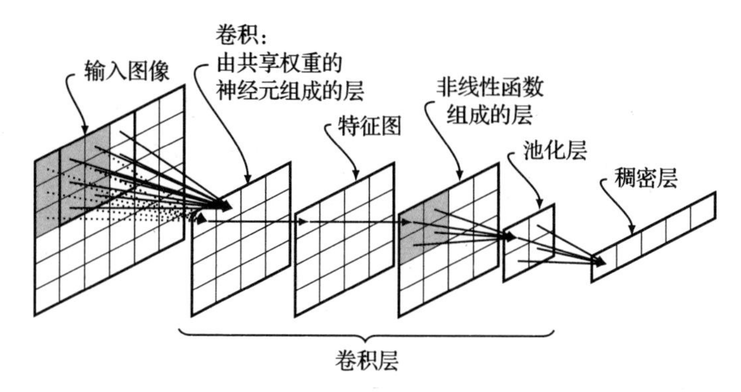

图 5-1　卷积层中不同的处理阶段。注意，图中的输入图像和特征图是数据结构，而其他阶段表示对数据的操作

这两个神经元（[0, 0] 和 [0, 1] 位置处的神经元）的感受野都是像素值构成的矩阵，而它们使用的权重也是矩阵。在计算机视觉中，作用在输入上的权重矩阵被称为核（或卷积掩膜）；将一个核顺序扫过一幅图像，在经过的每个局部区域对其中的输入进行加权并求和，这样的操作被称为卷积。注意，卷积操作并不包含非线性激活函数（非线性激活函数在后续处理阶段才会被使用）。核定义了卷积中所有神经元实现的特征检测函数。将核与一幅图像做卷积就相当于将一个局部视觉特征检测子在图像上进行扫描，并记录下出现相应视觉特征的所有位置。这一过程的输出是图像上出现相关视觉特征的所有位置形成的一幅图。因为这一原因，卷积过程的输出有时也被称为特征图。如前所述，卷积操作不包含非线性激活函数（而只包含输入的加权求和运算）。因此，标准的

做法是对特征图进行非线性操作，这常常通过在特征图的每一个位置上应用线性整流函数来实现。线性整流函数的定义是：$rectifier(z) = \max(0, z)$。使用线性整流函数对特征图进行处理的结果是特征图中所有的负值被改为 0。图 5-1 中，标记为非线性的层表示通过对特征图中的每个元素应用线性整流激活函数来进行处理的过程。

本章开始处引用的 Yann LeCun 的话提到：图像中特征的精确位置或许与图像处理任务无关。考虑到这一点，CNN 常常会丢弃位置信息，以提高网络在图像分类任务中的泛化能力。为此，一种典型的做法是使用池化层对经激活函数处理后的特征图进行下采样。池化在某些形式上与前面介绍的卷积操作相似，这具体体现在池化也是在输入空间中反复应用同样的函数。对于池化而言，其输入空间常常是元素已经过线性整流函数处理过的特征图。此外，每一个池化操作在输入空间中都有一个感受野——尽管它们的感受野相互之间有时候并不重叠。有多种池化函数可以使用，其中最常见的是最大值池化，也就是取输入值中的最大值。取输入值的平均值也是一种常用的池化函数。

首先进行卷积操作，再对特征图进行非线性处理，最后使用池化进行下采样，这样的操作流程已经成为大部分 CNN 中相对标准的流程。这三种操作常常一起被用于定义网络中的卷积层，如图 5-1 所示。

将核与一幅图像做卷积就相当于将一个局部视觉特征检测子在图像上进行扫描，并记录下出现相应视觉特征的所有位置。

卷积在整幅图像上进行搜索，这意味着函数（由共享的卷积核定义）检测的视觉特征（像素模式）只要出现在图像中，都会被记录在特征图中（而且如果使用了池化，也会出现在后续池化层的输出中）。通过这样的方法，CNN 就能实现平移不变的视觉特征检测。但是，这样做的缺点是卷积只能检测一种类型的特征。为了检测更多的特征，CNN 使用平行的多个卷积层（或滤波器），其中每个滤波器学习一个核矩阵（即特征检测函数）。注意，图 5-1 中的卷积层只展示了一个滤波器。多个滤波器的输出可以通过不同的方法进行融合。一种方法是将不同滤波器生成的特征图混合成一个多滤波器特征图。其后的卷积层则以该多滤波器特征图为输入。另一种方法是使用稠密连接的神经元层。图 5-1 中的最后一层就是这样的稠密层。该稠密层的工作方式与全连接的前馈网络中的标准全连接层的工作方式完全一样。稠密层中的每一个神经元与每一个滤波器输出的所有元素相连接，每个神经元学习自身特有的权重，并将其作用在输入上。这意味着稠密层中的每一个神经元可以学到不同的方法来融合滤波器生成的信息。

赢得 2012 年 ImageNet 大规模视觉识别挑战赛（ILSVRC）冠军的 AlexNet CNN 有五个卷积层，后跟三个稠密层。第一个卷积层含有 96 个不同的核（或滤波器），以及一个 ReLU 非线性层和一个池化层。第二个卷积层含有 256 个核，一个 ReLU 非线性层和一个池化层。第三～五个卷积层不包含非线性层和池化层，分别含有 384、384 和 256 个核。在第五个卷积层之后，有三个稠密层，每个含有 4096 个神经元。AlexNet 共有 6000 万个权重，65 万个神经元。尽管 6000 万个权重是非常大的数字，但是因为很多神经元是共享权重的，所以网络中实际的权重数要少一些。这种对所需权重数的减少是 CNN 的优势之一。2015 年，微软研究院研发了一种称为残差网络（ResNet）的 CNN，赢得了 ILSVRC 2015 的冠军[14]。ResNet 使用跳跃连接[⊖]来拓展标准的 CNN 架构。跳跃连接将网络中某一层的输出直接输入网络中更深的层。使用跳跃连接能够训练出非常深的网络。事实上，微软研究院研发的 ResNet 模型的深度是 152 层。

5.2 循环神经网络

循环神经网络（RNN）的设计初衷是用来处理序列数据。RNN 在处理序列数据时，每次处理序列中的一个元素。RNN 仅含有一个隐层，但它含有记忆缓存，用于保存隐层对一个输入的输出，该输出将作为反馈连同从序列中接收到的下一个输入一起输入隐层。这种信息循环流意味着网络在处理每一个输入时都会考虑它对前一个输入的处理结果。如此一来，在循环中传播的信息对序列中前期输入（可能是所有前期输入）提供的上下文信息进行了编码。这使得网络能够保存对先前在序列中已经看到的信息的记忆，并利用这些信息来决

⊖ 跳跃连接也称为跳层连接。——译者注

定应该如何处理当前的输入。RNN 被称为深度网络的原因是，其中的记忆向量通过序列中的每一个输入不断向前传播和演化，因而序列有多长，RNN 就有多深。

图 5-2 展示了 RNN 的架构，以及它在处理一个输入序列时，信息是如何在网络中传播的。在每个时步上，图中的网络接收一个包含两个元素的向量作为输入。图 5-2 的左图（时步为 1.0）展示了接收到序列中的第一个输入时网络中的信息流。这个输入向量被向前传播给网络隐层中的三个神经元。同时，这些神经元还接收到保存在记忆缓存中的信息。由于这是第一个输入，记忆缓存中只有默认的初始化信息。隐层中的每一个神经元将会处理接收到的输入，生成相应的激活值。图 5-2 的中图（时步为 1.5）展示了隐层得到的激活值是如何在网络中传播的：每个神经元的激活值被传播给输出层，后者会对其进行处理以产生网络的输出，同时，这个激活值也会被保存到记忆缓存中（覆盖之前保存在记忆缓存中的信息）。记忆缓存中的元素只是简单地保存被写入其中的信息，而不会对信息做任何处理。因此，从隐层单元到记忆缓存的连接边上没有权重。但是，网络中所有其他的连接边上都有权重，包括从记忆缓存单元指向隐层神经元的连接边。当时步为 2 时，网络接收序列中的下一个输入，这个输入连同保存在记忆缓存中的信息一起输入隐层神经元。此时，记忆缓存中包含了隐层神经元在处理第一个输入时产生的激活值。

循环神经网络被称为深度网络的原因是，其中的记忆向量通过序列中的每一个输入不断向前传播和演化，因而序列有多长，循环神经网络就有多深。

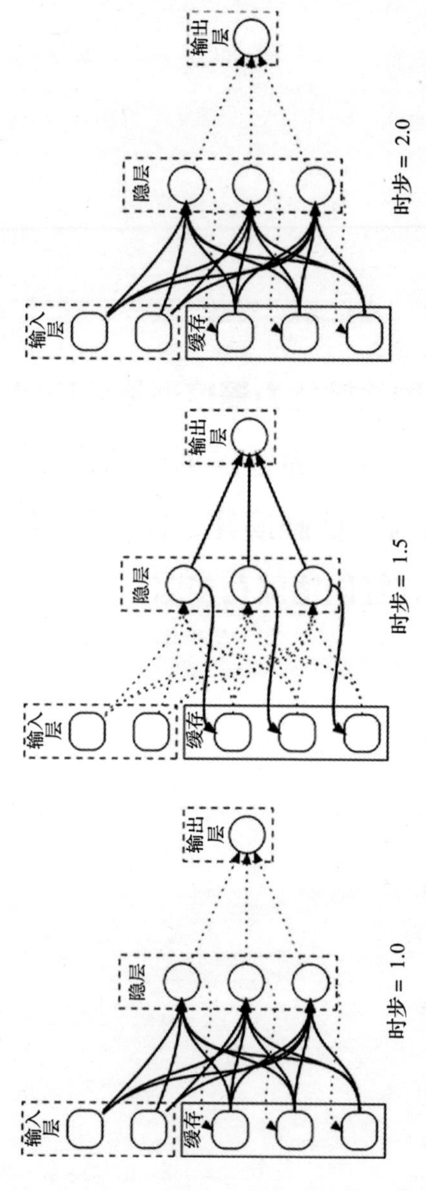

图 5-2　RNN 在处理输入序列时的信息流情况。实线箭头表示在每个时步上有活跃信息流的连接，虚线箭头表示在那个时步上没有活跃信息流的连接

图 5-3 展示了沿着时间轴将处理输入序列 $[x_1, x_2, \cdots, x_t]$ 的循环神经网络展开的结果。图中每一个方框表示一层神经元。标记为 h_0 的方框表示网络初始化时记忆缓存的状态。标记为 $[h_1, \cdots, h_t]$ 的方框表示每个时步上网络中的隐层。标记为 $[Y_1, \cdots, Y_t]$ 的方框表示每个时步上网络中的输出层。图中的箭头表示网络中层和层之间的连接。例如，从 X_1 到 h_1 的竖直箭头表示在时步为 1 时输入层和隐层之间的连接。类似地，连接隐层的水平箭头表示将隐层在某个时步产生的激活值存入记忆缓存中（图中没有展示出这个过程），以及在下一个时步通过从记忆缓存到隐层的连接将这些激活值再传播给隐层。在每个时步上，将序列中的一个输入传给网络，输入隐层。隐层生成激活值，传给输出层，同时沿着连接隐层状态的水平箭头将其传给下一个时步的隐层。

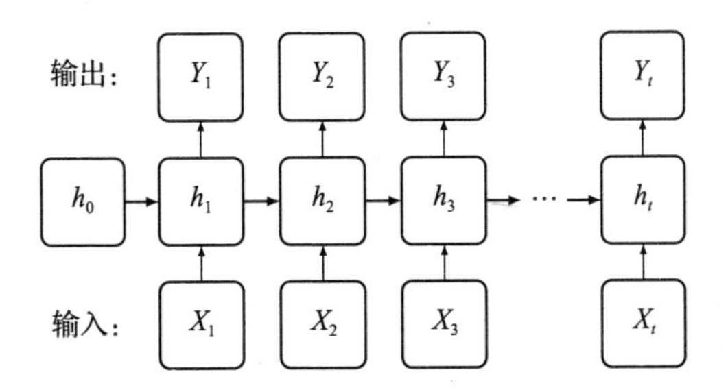

图 5-3　沿时间轴将处理输入序列 $[x_1, x_2, \cdots, x_t]$ 的 RNN 展开的结果

虽然 RNN 可以处理输入序列，但它们还是面临梯度消失的问题。这是因为训练 RNN 来处理输入序列需要将误差在

整个序列长度上进行反向传播。例如，对于图 5-3 中的网络，针对输出 Y_t 的误差需要在整个网络上进行反向传播，以更新从 h_0 和 X_1 到 h_1 的连接权重。这需要在所有隐层中反向传播误差，也就是反复将误差与隐层间传递激活值的连接的权重相乘。这一过程存在的问题是隐层间所有连接使用的权重是一样的：图中每个水平箭头表示相同的记忆缓存和隐层之间的连接，而这些连接的权重在一定时间内是固定的（即在处理一个给定的输入序列的过程中，从一个时步到另一个时步它们并不会发生变化）。因此，在 k 个时步内反向传播一个误差除了要进行其他乘法运算之外，还需要将误差梯度与同样的权重做 k 次乘法运算。这等价于将误差梯度与权重的 k 次幂相乘。如果权重小于 1，对它进行幂运算将会导致它以指数速率减小，进而导致误差梯度也会相对于序列长度以指数速率减小，乃至消失。

长短时记忆网络（LSTM）就是为了通过避免在 RNN 的反向传播过程中与同样的权重向量反复相乘来减弱梯度消失的影响。LSTM[⊖]单元的核心部件称为细胞，激活值（短时记忆）保存在细胞中并前向传播。事实上，细胞中往往保存着激活值向量。激活值随着时间推移而传播的过程由三种称为

⊖ 这里对 LSTM 中的构成单元的解释是受 Christopher Olah 发表的一篇博客的启发。这篇优秀的博客对 LSTM 进行了详细而清晰的解释，具体参见 http://colah.github.io/posts/2015-08-Understanding-LSTMs/。

门的组件来控制：遗忘门、输入门和输出门。遗忘门负责决定在每个时步上应该忘记细胞中的哪些激活值，输入门控制细胞中的激活值应该如何根据新的输入进行更新，而输出门控制根据当前的输入应该使用哪些激活值来生成输出。这些门均由标准神经元构成，每个神经元对应细胞状态中的一个激活值。

图 5-4 展示了一个 LSTM 细胞的内部结构。图中的每一个箭头表示一个激活值向量。细胞中的操作沿着图顶端从左（c_{t-1}）向右（c_t）进行。细胞中激活值的取值范围是从 −1 到 +1。

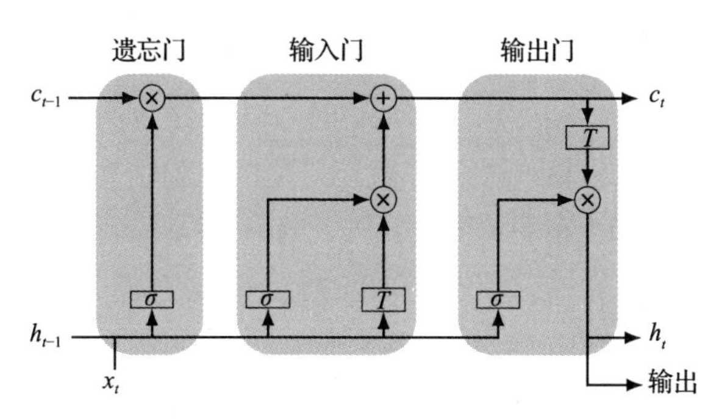

图 5-4　一个 LSTM 单元的内部结构示意图：σ 表示使用 S 形激活函数的一层神经元，T 表示使用双曲正切激活函数的一层神经元，× 表示向量乘法，+ 表示向量加法。该图受到了 Christopher Olah 制作的一幅图像的启发，这幅图像见 http://colah.github.io/posts/2015-08-Understanding-LSTMs/

在处理一个输入的过程中，首先将输入向量 x_t 与从前一个时步传过来的隐状态向量 h_{t-1} 拼接起来。接下来，在自左向右经过几个门的处理过程中，遗忘门将输入和隐状态拼接后的向量传给一层使用 S 形（也称为对数几率）[㊀]激活函数的神经元进行处理。由于遗忘层中的神经元使用了 S 形激活函数，因此遗忘层的输出是一个其中每个值介于 0 和 1 之间的向量。然后将该遗忘向量与细胞状态相乘，这样做的效果就是与遗忘向量中接近于 0 的部分相乘的那些细胞状态中的激活值将会被忘记，而与遗忘向量中接近于 1 的部分相乘的细胞状态中的激活值将会被记住。实际上，将细胞状态与使用 S 形激活函数的神经元层的输出相乘所起到的作用就是对细胞状态进行了滤波。

下一步，输入门决定要将哪些信息加入细胞状态中。这一步由图 5-4 中间的模块（也就是输入门）来完成。具体的操作包括两部分。第一部分，输入门决定细胞状态中的哪些元素需要被更新；第二部分，输入门决定在更新过程中需要使用哪些信息。细胞状态中需要更新的元素的选择过程采用与遗忘门中的过滤机制类似的方法：将输入 x_t 和隐状态 h_{t-1} 拼接后的结果传给一层使用 S 形激活函数的神经元进行处理，以生成与细胞具有同样宽度的一个向量，其中每一个元素的取值介于 0 和 1 之间；接近于 0 的元素表示对应的细胞元素无须更新，而接近于 1 的元素表示对应的细胞元素需要被更

㊀ logistic 函数（对数几率函数）实际上是 sigmoid（S 形）函数的一种特例。它们之间的差别与这里的讨论无关。

新。在生成上述滤波向量的同时，输入和隐状态拼接后的向量也会由一层双曲正切单元（也就是使用双曲正切激活函数的神经元）进行处理以得到一个激活值向量。（注意，LSTM 细胞中的每一个激活值对应这里的一个双曲正切单元。）这个激活值向量表示可能会被加到细胞状态中的信息。使用双曲正切单元来生成这样的更新向量的原因是双曲正切单元的输出值范围是 –1 到 +1，而这样就能使细胞元素中的激活值在经过更新后既可能增大也可能减小[⊖]。在得到滤波向量和激活值向量后，最终的更新向量就可以通过将双曲正切层的输出向量（激活值向量）与 S 形层生成的滤波向量相乘得到。然后通过向量加法将这一更新向量加到细胞状态上。

LSTM 中的最后一步处理是决定应该输出细胞中的哪些元素作为对当前输入的响应。这个处理过程由标记为输出门的模块实现（图 5-4 的右侧部分）。候选输出向量由双曲正切层对细胞进行处理得到。与此同时，输入和隐状态拼接后的向量经 S 形单元层的处理生成另一个滤波向量。将候选输出向量与这个滤波向量相乘即可得到实际的输出向量。这个输出向量会被传输给输出层，同时也会作为新的隐状态 h_t 向前传播至下一个时步。

LSTM 单元包含多个神经元层，这一点意味着 LSTM 本

⊖ 假如使用输出范围为 0 到 1 的 sigmoid 单元，那么每次参数更新时其激活值要么保持不变要么增大，而最终它将达到最大值，进入饱和状态。

身也是一个网络。然而，也可以通过将 LSTM 看成 RNN 中的一个隐层来创建 RNN。在这样的构造中，LSTM 单元在每个时步接收一个输入，并为该输入生成一个输出。使用 LSTM 单元的 RNN 常被称为 LSTM 网络。

LSTM 网络是自然语言处理（NLP）的理想选择。使用神经网络实现自然语言处理所面临的一个关键挑战是语言中的单词必须转换成数值向量。由 Tomas Mikolov 和他的同事在谷歌研究院创建的 word2vec 模型是使用最多的实现这种转换的模型之一[31]。word2vec 模型的基本思想是出现在相似的上下文中的单词的含义也相近。这里的上下文是指相邻的单词。例如，单词伦敦和巴黎在语义上相近，因为与它们中的一个同时出现的单词常常也会与另一个同时出现，比如：首都、城市、欧洲、假日、机场等。word2vec 模型就是具体实现这种语义相似度的神经网络，它们首先给每个单词赋予随机向量值，然后根据单词在语料库中同时出现的情况迭代更新这些向量值以使得语义相近的单词的向量值也相近。这些向量（称为词嵌入）就可以用来表示单词，作为神经网络的输入。

机器翻译是受到深度学习重要影响的 NLP 领域之一。图 5-5 给出了神经机器翻译中的 seq2seq（或编解码器）架构的示意图[48]。它由两个组合在一起的 LSTM 网络构成。第一个 LSTM 网络逐个处理输入语句中的单词。在图 5-5 的例子中，源语言是法语，单词按照逆序输入系统，因为这样能够实现更好的翻译效果。eos 符号表示句子结束。输入一个单词后，编码器更新隐状态，并将其向前传播至下一个时步。当输入 eos 符号时，编码器产生的隐状态被作为输入语句的向量表示。该向量被作为初始输入传给解码器 LSTM。解码器逐个单词地输出翻译后的语句，一个单词被生成后，会作为下一个时步的输入反馈给系统。某种意义上，解码器使翻译变得有些魔幻，因为它使用自身的输出来推动自身的生成过程。这个过程一直进行，直至解码器输出 eos 符号。

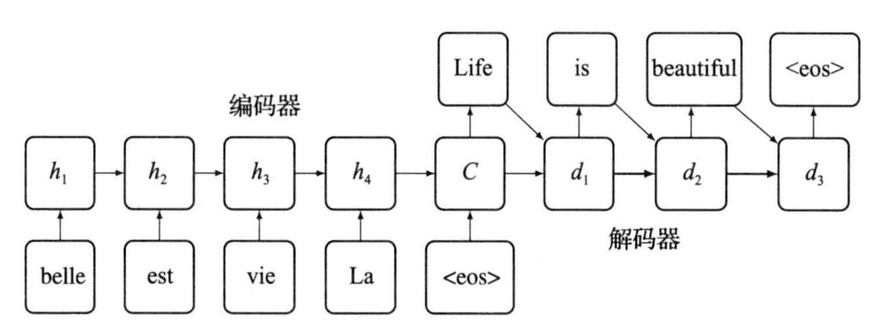

图 5-5　seq2seq（或编解码器）架构的示意图

使用数值向量表示语句的（跨语言）含义，这一思想非常强大，而且已经被扩展为使用向量作为跨模态 / 多模态的表示。例如，自动图像描述系统近年来取得了非常令人兴奋的进展。这些系统以一幅图像作为输入，生成对这幅图像的自然语言描述。它们的基本结构与图 5-5 中的神经机器翻译架构非常相似。两者之间的主要区别是编码器 LSTM 网络被替换成处理输入图像的 CNN 架构。CNN 架构生成图像的向量表示，并传给解码器 LSTM[54]。这也是深度学习具有学习复杂信息表示的强大能力的又一个例子。在这个例子中，系统学习跨模态表示，使得信息能从图像传到自然语言中。组合 CNN 和 RNN 架构的做法正在变得越来越流行，因为这能够综合两者的优势，而且使深度学习架构能够处理非常复杂的数据。

不管使用什么网络架构，我们都需要为网络找到正确的权重，这样才能得到精确的模型。神经元的权重决定了它会对输入进行什么样的变换。因此，正是网络的权重定义了网络学到的表示。如今，寻找这些权重的标准方法是早在 20 世纪 80 年代就已经闻名于世的一个算法：反向传播。下一章将会全面介绍该算法。

6

第 6 章

神经网络的训练

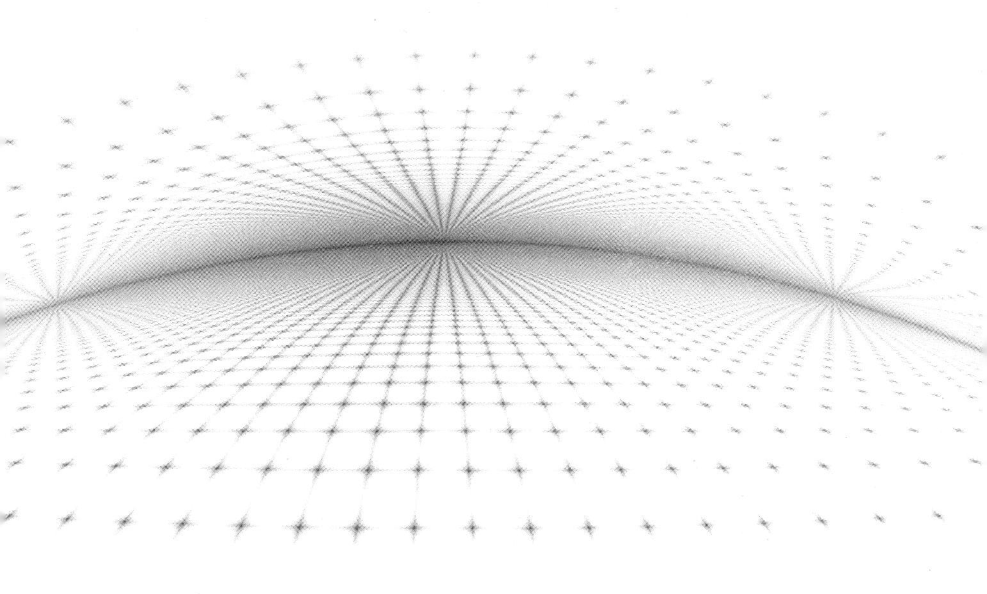

无论一个神经网络模型有多深或多复杂，它都要实现一个函数，一个从输入到输出的映射。而它实现的函数由网络所使用的权重决定。因此，在数据上训练网络（学习网络要实现的函数）是为了找出合适的权重使网络能够最好地对数据中的模式进行建模。学习数据中的模式使用得最多的算法是梯度下降算法。梯度下降算法与第 4 章中介绍的感知器学习规则和 LMS 算法非常像：它定义了一种规则，根据函数的误差对函数使用的权重进行更新。梯度下降算法本身可以用来训练单个输出神经元。但是，它不能用来训练含有多个隐层的深度网络。这一局限性是由信贷分配问题导致的：网络总体误差的责任应该如何在网络中的不同神经元（包括隐层神经元）之间分配？因此，必须协同使用梯度下降算法和反向传播算法来训练深度神经网络。

训练深度神经网络的过程具有以下特点：随机初始化网络权重，然后根据网络在数据集上的误差迭代更新网络权重，直至网络按预期的那样工作（即输出期望的结果）。在这样的训练框架中，反向传播算法解决了信贷（或责任）分配问题，而梯度下降算法定义了对网络权重进行更新的实际学习规则。

本章是这本书中数学性最强的一章。不过，很多时候，我们只需要知道反向传播算法和梯度下降算法能用来训练深度网络。因此，如果你没有时间弄懂本章细节，完全可以直接跳过本章内容。但是，如果你想要对这两个算法有更深理解，强烈建议你仔细阅读本章内容。这两个算法是深度学习的核心，理解它们的工作原理或许是理解深度学习的潜能和局限性的最直接方法。本章内容将会以一种易读易懂的形式来呈现这两个算法。因而，如果你想找到对这两个算法深入浅出的介绍，那么本章将会让你如愿以偿。本章首先介绍梯度下降算法，然后介绍如何结合梯度下降和反向传播算法来训练神经网络。

6.1　梯度下降

最简单的一类函数是从单个输入到单个输出的线性映射。表 6-1 给出了一个含有单个输入特征和单个输出的数据集。图 6-1 给出了对应的散点图以及能够最佳拟合这些数据的直线。这条直线可以作为将输入值映射到预测的输出值的函数。例如，当 $x = 0.9$ 时，该线性函数返回的响应值是 $y = 0.6746$。图中从直线到每一个数据点的虚线段表示使用该直线对这些数据进行建模的误差（或损失）。

表 6-1　含有一个输入特征 x 和一个输出（目标）特征 y 的样本数据集

x	y	x	y
0.72	0.54	0.76	0.57
0.45	0.56	0.14	0.17
0.23	0.38		

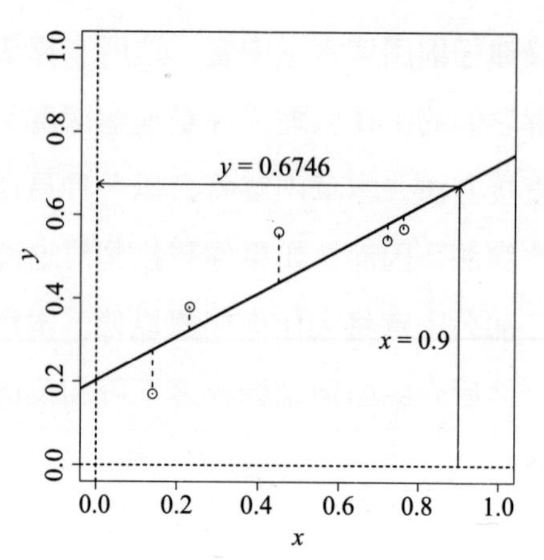

图 6-1 数据散点图、最佳拟合直线以及用竖直虚线段表示的每个样本点的误差。图中同时展示了直线所定义的从输入 $x = 0.9$ 到输出 $y = 0.6746$ 的映射

第 2 章描述了如何用一个直线方程表示线性函数：

$$y = mx + c$$

其中 m 是直线的斜率，c 是反映直线与 y 轴相交位置的 y 轴截距。对于图 6-1 中的直线，$c = 0.203$，$m = 0.524$，因而当 $x = 0.9$ 时，函数返回值 $y = 0.6746$，其计算过程如下：

$$0.6746 = (0.524 \times 0.9) + 0.203$$

斜率 m 和 y 轴截距 c 是该模型的参数，可以改变这些参数以使模型与数据相拟合。

直线方程与神经元中使用的加权和有着紧密的联系。如果将模型参数写成权重 ($c \rightarrow w_0$, $m \rightarrow w_1$)，直线方程就可以写成：

$$y = (w_0 \times 1) + (w_1 \times x)$$

由此可以明显地看出两者之间的联系。改变这些权重

（或者模型参数）中的任意一个就可以得到不同的直线（也就是数据的不同线性模型）。图 6-2 说明了直线是如何随着其截距和斜率的改变而改变的：虚线说明了增大 y 轴截距时的情况，而点线说明了减小斜率时的情况。改变 y 轴截距 w_0 将会使直线在竖直方向平移，而改变斜率 w_1 将会使直线围绕点 $(x = 0, y = \text{截距})$ 旋转。

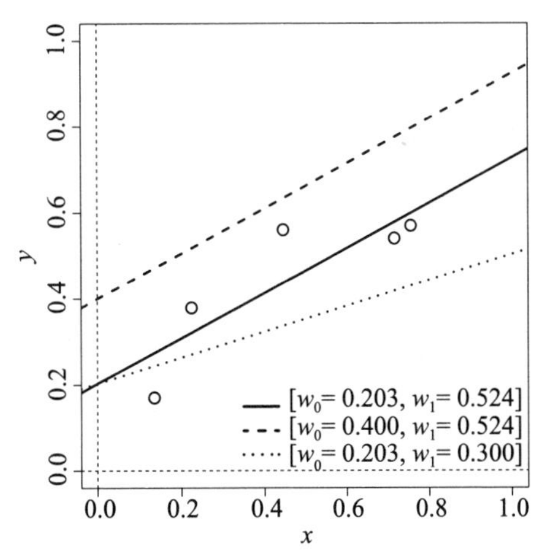

图 6-2　说明直线如何随着截距 (w_0) 和斜率 (w_1) 的改变而改变的示意图

每条这样的新直线都定义了一个将 x 映射到 y 的不同函数，而每个函数相对于数据的匹配程度或误差也不同。从图 6-2 可以看到其中的实线 $[w_0=0.203, w_1=0.524]$ 相比于其他两条直线能够更好地拟合数据，因为平均而言实线与数据点更接近。换句话说，实线相对于每个数据点的平均误差比其余两条直线的要小。模型在数据集上的总误差等于模型在数据集中每个样本上的误差之和。计算这样的总误差的标准做法是使用误差平方和（SSE）的方程：

$$\mathrm{SSE} = \frac{1}{2}\sum_{j=1}^{n}(y_j - \hat{y}_j)^2$$

该方程将模型在一个含有 n 个样本的数据集上的误差累加起来。它通过将数据集中给出的样本的正确目标值减去模型对样本目标值的预测值来计算数据集中每个样本的模型误差。方程中，y_j 是数据集中样本 j 的正确目标值，$\hat{y}_j$ 是模型对该样本目标值的预测值。将每一个误差值取平方，然后再加到一起。将误差值取平方确保了它们都是正的，因而在求和的时候，目标值被模型低估了的样本的误差值不会与被模型高估了的样本的误差值相互抵消。误差平方和被乘以 1/2，这一点虽然对目前的讨论并不重要，但是稍后我们将会看到它的作用。一个函数的 SSE 越小，它对数据的建模就越好。因此，误差平方和可以用作拟合度函数来评估候选函数（这里就是实例化直线的模型）与数据的匹配程度。

图 6-3 展示了线性模型的误差随着模型参数的变化而变化的情况。这些曲线给出了线性模型在表 6-1 中的单输入 – 单输出样本数据集上的 SSE。每个参数有一个最优值，当参数偏离该最优值时（无论沿着哪个方向偏离），模型的误差会增大。因而，模型随着某个参数的变化而产生的误差曲线是凸的（碗状的）。这样的凸形误差曲线在图 6-3 的上图和中图中非常明显，它们表明模型在 $w_0 = 0.203$（上图曲线的最低点）和 $w_1 = 0.524$（中图曲线的最低点）时 SSE 最小。

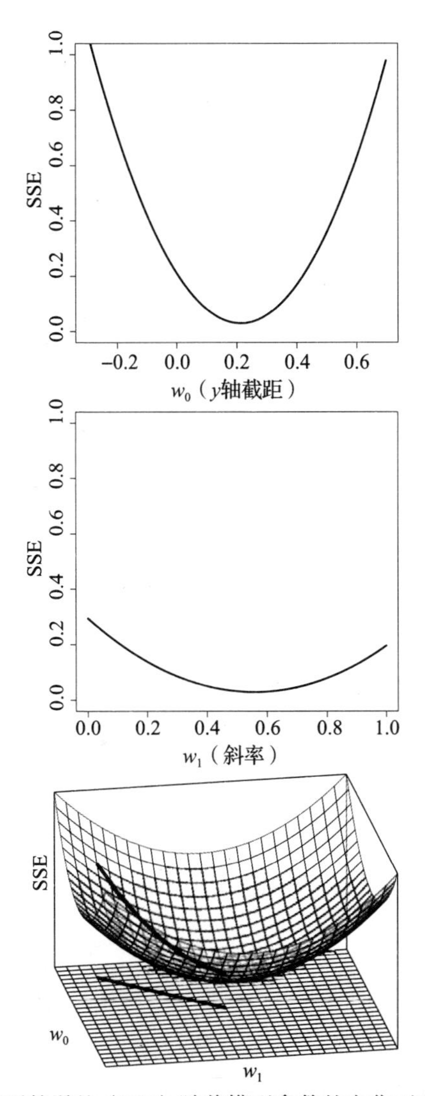

图 6-3　线性模型的误差（SSE）随着模型参数的变化而变化的情况。上图：当 w_0 在 0.3～1 的范围内变化时，斜率固定为 $w_1 = 0.524$ 的线性模型的 SSE 的变化曲线。中图：当 w_1 在 0～1 的范围内变化时，y 轴截距固定为 $w_0 = 0.203$ 的线性模型的 SSE 的变化曲线。下图：当 w_0 和 w_1 同时变化时，线性模型的误差曲面

当模型的两个参数都在变化时，模型误差将会形成一个三维碗状凸曲面，称为误差曲面，如图 6-3 的下图中的碗状网格所示。要生成这个误差曲面，首先要定义一个权重空间。该权重空间由图中底部的平面网格表示，其中每个坐标给出了一个截距（也就是 w_0 的值）和一个斜率（也就是 w_1 的值），因而定义了不同的直线。因此，在这个平面的权重空间中移动就等价于在不同的模型之间进行转变。生成误差曲面的第二步是为权重空间中的每条直线（也就是坐标）赋予一个高程值。权重空间中每个坐标的高程值为该坐标定义的模型的 SSE(或者更直接地说，误差曲面相对于权重空间平面的高度）等于对应的线性模型对数据集进行建模的 SSE。对应于误差曲面最低点的权重空间坐标定义了在数据集上具有最小 SSE 的线性模型（也就是与数据拟合得最好的线性模型）。

图 6-3 的下图中的误差曲面形状表明对于给定的数据集只有一个最优线性模型，因为碗状误差曲面的底部只有一个点的高程值比曲面上所有其他点的高程值都小（即误差最小）。偏离这个最优模型（通过改变模型的权重）必然会得到一个 SSE 更高的模型。这样的偏离等价于移动到权重空间中的一个新坐标，而该新坐标在误差曲面上对应的高程值更大。凸的或碗状的误差曲面对于学习能够对数据集进行建模的线性函数非常有用，因为这意味着学习过程就是要找出误差曲面上的最低点。梯度下降算法正是寻找这样的最低点的标准算法。

凸的或碗状的误差曲面在学习能够对数据集进行建模的线性函数中非常有用，因为这意味着学习过程就是要找出误差曲面上的最低点。

梯度下降算法首先使用随机选择的权重值创建一个初始模型，然后计算这个随机初始化模型的 SSE。估计的权重值连同相应模型的 SSE 一起定义了误差曲面上的搜索起始点。随机初始化的模型极有可能是一个不好的模型，因而搜索很有可能从误差曲面上具有较大高程值的位置开始。但是，这样一个不好的起点并不是问题，因为一旦搜索过程在误差曲面上开始了，就能简单地沿着误差曲面的梯度向下走直至到达误差曲面的底部（在该位置上无论向哪个方向移动都会导致 SSE 变大），然后就能找到一组最优的权重值。这就是为什么称该算法为梯度下降：算法下降的梯度是模型的误差曲面相对于数据的梯度。

重要的是，搜索过程并不能直接从开始位置经过一次权重更新就到达谷底。相反，它必须以迭代的方式逐步移向误差曲面的底部，而且在每次迭代中，更新后的权重将会移动到权重空间中具有更小 SSE 的一个相邻位置。要到达误差曲面底部可能需要很多次迭代。为了直观理解这一过程，可以想象一名背包客，他在浓雾中沿着山坡摸索。他的车停在了山谷底部，但是由于浓雾，他只能看到一两米远的地方。如果山谷是一个完美的凸形形状，背包客就能找到到达他的车的路径。虽然有浓雾，他只需每次沿着他所在位置处的局部梯度方向慢慢向山下方向不断移动即可。图 6-3 的下图展示了梯度下降搜索中单次搜索的情况。误差曲面上的黑色曲线给出了沿着曲面向下搜索的路径，而权重空间中的黑色直线给出了沿着误差曲面向下搜索过程中相应的权重更新情况。从技术上而言，梯度下降算法是一种优化算法，因为它的目标是找到最优的权重值。

梯度下降算法最重要的部分是决定算法每次迭代时对权重进行更新的规则。为了理解这一规则是怎么定义的，首先需要理解误差曲面是由多个误差梯度组成的。在上面的简单例子中，误差曲面由两种误差曲线组合而成。一种误差曲线由 SSE 随着 w_0 的变化而变化的情况决定，如图 6-3 的上图所示。另一种误差曲线由 SSE 随着 w_1 的变化而变化的情况决定，如图 6-3 的中图所示。注意，每条曲线的梯度都是沿着曲线变化的，例如，w_0 误差曲线在曲线的最左和最右侧的梯度很陡，但是在曲线中部梯度开始变得平缓。此外，两个不同曲线的梯度可能会明显不同；在前面的例子中，w_0 误差曲线的梯度通常比 w_1 误差曲线的梯度要陡峭得多。

误差曲面由多条曲线组成，其中每条曲线的梯度各不相同，这一点对于梯度下降算法而言非常重要，它使得算法能够通过独立更新每个权重来沿着与该权重对应的误差曲线向下移动，进而实现沿着由多条误差曲线组成的误差曲面向下移动。换句话说，在梯度下降算法的每一次迭代中，更新 w_0 可以沿着 w_0 的误差曲线向下移动，而更新 w_1 则可以沿着 w_1 的误差曲线向下移动。每次迭代中每个权重更新多少取决于该权重误差曲线的梯度的陡峭程度，而且随着算法沿着误差曲线向下移动，该梯度从一次迭代到下一次迭代会发生变化。例如，当搜索过程位于 w_0 误差曲线任意一侧的较高位置时，迭代中对 w_0 的更新就会比较大，而当搜索过程已经接近 w_0 误差曲线的底部时，更新的幅度就会比较小。

每个权重的误差曲线由 SSE 相对于该权重值的变化而变化的情况来定义。微积分，特别是微分，是数学领域中处理变化率的工具。例如，求函数 $y = f(x)$ 的导数，就是要计算相对于 x（输入）的单位变化 y（输出）的变化率。而且，对于有多个输入的函数 $[y = f(x_1, \cdots, x_n)]$，其输出 y 相对于每个输入 x_i 的变化率可以通过求函数相对于每个输入的偏导数来计算。要计算函数相对于某个特定输入的偏导数，首先假设其他输入都保持不变（因而它们的变化率为 0，将不会影响偏导数的计算），然后计算剩余部分的导数。函数对于给定输入的变化率也被称为函数在（由函数本身定义的）曲线上由输入确定的位置处的梯度。因此，SSE 相对于一个权重的偏导数反映了 SSE 的输出是如何随着权重的变化而变化的，也就是反映了该权重的误差曲线的梯度。这正是定义梯度下降的权重更新规则所需要的：SSE 相对于一个权重的偏导数决定了该权重的误差曲线的梯度的计算方法，而这个梯度说明了应该怎样更新权重才能减小误差（或 SSE 的输出）。

函数相对于某个特定自变量的偏导数是当函数的所有其

他自变量都保持不变时函数的导数。由于在计算函数对不同自变量的偏导数时，保持不变的自变量是不同的，所以函数对不同自变量的偏导数也是不一样的。因此，SSE 对于不同权重的偏导数并不一样，尽管它们形式上类似。这就是为什么在梯度下降算法中每个权重是独立更新的：权重更新规则依赖于 SSE 对每个权重自身的偏导数，而因为 SSE 对不同权重的偏导数不一样，所以每个权重分别有各自的权重更新规则。不过，尽管每个权重的偏导数不一样，但是它们的形式是一样的，因此，它们的权重更新规则也具有同样的形式。这一点简化了梯度下降算法的定义。另一个简化梯度下降算法的因素是，SSE 是相对于含有 n 个样本的数据集定义的。SSE 中仅有的变量就是权重，而目标输出 y 和输入 x 都是由数据集中的样本决定的，因而它们可以被看成常数。当计算 SSE 相对于某个权重的偏导数时，方程中的很多项并不包含权重，因而相对于权重而言是常数，可以直接去掉。

将 SSE 定义中模型预测的输出值 $\hat{y}_j$ 替换成模型生成预测值的具体计算公式，SSE 的输出与权重之间的关系就会变得更加清楚。对于含有单一输入 x_1 和一个虚拟输入 $x_0 = 1$ 的模型，按上述方法重写的 SSE 为：

$$\text{SSE} = \frac{1}{2}\sum_{j=1}^{n}(y_j - (w_0 \times x_{j,0} + w_1 \times x_{j,1}))^2$$

该方程对输入使用了双下标，其中第一个下标 j 表示对样本的索引（也就是样本在数据集中的行数），第二个下标表示对输入特征的索引（也就是输入特征在数据集中的列数）。例如，$x_{j,1}$ 表示第 j 个样本的第 1 个特征。上述 SSE 可以推广到含有 m 个输入的模型：

$$\mathrm{SSE}=\frac{1}{2}\sum_{j=1}^{n}\left(y_j-\left(\sum_{i=0}^{m}w_i\times x_{j,i}\right)\right)^2$$

计算 SSE 相对于某个特定权重的偏导数需要应用微积分中的链式法则和一些标准的微分公式。求导过程的结果如下所示（为了表达上的简洁，我们还是使用符号 $\hat{y}_i$ 来表示模型的输出）：

$$\frac{\partial\,SSE}{\partial\,w_i}=\sum_{j=1}^{n}\left(\underbrace{(y_j-\hat{y}_j)}_{\text{加权和输出的误差}}\times\underbrace{-x_{j,i}}_{\text{加权和相对于}w_i\text{的变化率}}\right)$$

上述偏导数公式说明了计算权重 w_i 在数据集上的误差梯度的方法，其中 $x_{j,i}$ 是与 w_i 对应的数据集中每个样本的输入。该计算公式涉及输出（即加权和）的误差与输出相对于权重的变化率之间的乘法运算。对这个计算过程的一种理解是，如果改变权重会引起加权和输出的很大变化，那么误差相对于权重的梯度也很大（很陡峭），因为权重的变化会引起误差的很大变化。但是，这里计算出来的梯度是沿着上升方向的梯度，而我们希望的是权重沿着误差曲线下降的方向移动。因此，梯度下降的权重更新规则（如下所示）中输入 $x_{j,i}$ 前面的“-”号被去掉了。令 t 为算法的迭代次数（一次迭代包含一轮对数据集中全部 n 个样本的处理)，梯度下降的权重更新规则可以定义为：

$$w_i^{t+1} = w_i^t + \left(\underbrace{\eta \times \sum_{j=1}^{n} ((y_j^t - \hat{y}_j^t) \times x_{j,i}^t)}_{w_i\text{的误差梯度}} \right)$$

该权重更新规则中有几点值得注意。第一，该规则说明了在数据集上进行了 t 次迭代后应该怎样更新权重 w_i。其中的更新量与当次迭代中误差曲线在权重处的梯度成正比（即式中的求和项，它事实上定义了 SSE 在权重处的偏导数)。第二，权重更新规则可以用于更新含有多个输入的函数的权重。这意味着梯度下降算法可用于在有超过两个权重坐标的误差曲面上进行下降搜索。由于这些误差曲面超过了三维，我们无法将其可视化。但是使用误差梯度沿着误差曲面进行下降搜索的基本原则可以推广到学习含有多个输入的函数。第三，虽然每个权重的权重更新规则结构相似，但是因为权重更新依赖于权重所作用的数据集中的输入样本，所以在每次迭代中，权重更新规则为每个权重定义了不同的更新。第四，规则中的求和运算表明在梯度下降算法的每一次迭代中，当前模型需要作用于数据集中的全部 n 个样本。这就是训练深度学习网络的计算复杂度如此高的原因之一。为此，一种典型的训练策略是，对于非常大的数据集，通过对其中样本的采样，将数据集分成很多批，训练过程中的每次迭代只使用一批样本，而不是整个数据集。第五，除去为了引入求和运算而进行的必要修改，上述权重更新规则与第 4 章中介绍的 LMS（也称为 Widrow-Hoff 或增量）学习规则完全一样，它们实现的是同样的逻辑：当模型的输出偏大时，需要减小与正输入对应的权重值；而当模型的输出偏小时，需要增大这些权重值。此外，这里的学习率 (η) 超参的目的和作用与 LMS 规则中的也是一样的：对权重的调整量进行缩放，以避免调整量过大而导致算法错过（或越过）最佳权重值。使用这样的权重更新规则的梯度下降算法可以总结如下：

（1）使用初始权重构建一个模型。

（2）重复以下步骤直至模型性能足够好。

a. 将当前模型应用于数据集中的样本。

b. 使用权重更新规则对每一个权重进行调整。

（3）返回得到的最终模型。

独立更新每个权重，而且更新量与相应的误差曲线的局部梯度成正比，这些做法导致的一个结果就是梯度下降算法收敛到误差曲面最低点的路径可能不是一条直线。这是因为在误差曲面上的每一个位置处，构成误差曲面的每条误差曲线的梯度并不是相等的（一个权重的梯度可能比另外一个的更陡）。结果，在一次迭代中，一个权重的更新量可能比另一个的更大，进而导致算法可能不是沿着一条直接的路径下降到误差曲面的谷底的。图 6-4 说明了这一现象。图中给出了一个误差曲面的部分轮廓线的俯视图，轮廓线之间的接近程度反映了曲面的陡峭程度。该误差曲线呈非常长而窄的谷状，它的边缘非常陡峭，而底部比较平缓。搜索开始时并不是朝向谷底中心的，如图 6-4 的左图所示。搜索的起点位于图中三个箭头相交的位置。点线箭头和虚线箭头的长度分别反映了 w_0 和 w_1 误差曲线的局部梯度。虚线箭头比点线箭头更长，这说明 w_0 误差曲线的局部梯度比 w_1 误差曲线的更陡。每次迭代中，每个权重根据其误差曲线的梯度进行更新。因此，在第一次迭代中，w_0 的更新量比 w_1 的大，因而，沿着穿过谷底的方向比沿着谷轮廓的方向权重移动得更多。实心箭头反映了第一次迭代中权重更新引起的在权重空间中的总体移动情况。类似地，图 6-4 的中图说明了梯度下降的下一次迭代中误差梯度和总体权重更新的情况。图 6-4 的右图给出了搜索过程从起始位置到全局最小位置（误差曲面的最低点）的完整下降路径。

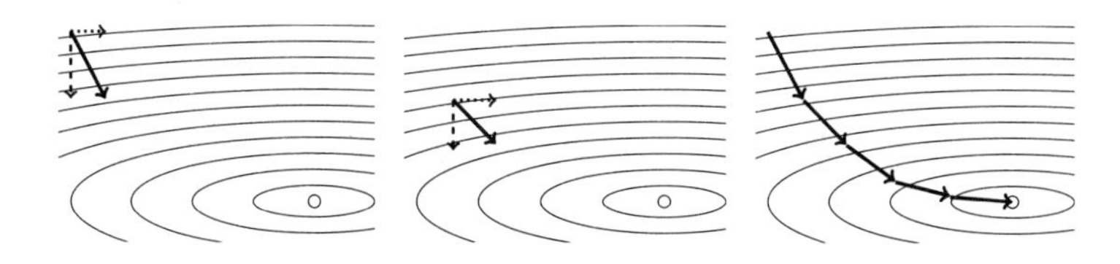

图 6-4　一个误差曲面的一部分轮廓线的俯视图，以及在该误差曲面上的梯度下降路径。实心箭头表示在梯度下降算法的单次迭代中权重向量的总体移动情况。点线箭头和虚线箭头的长度分别反映了当次迭代中 w_0 和 w_1 误差曲线的局部梯度。右图给出了算法收敛到误差曲面的全局最小点的总体路径

可以相对直接地将权重更新规则映射到对单个神经元的训练过程。在这样的映射中，权重 w_0 是神经元的偏置项，而其他权重则与神经元的其他输入相关联。SSE 的偏导数的推导依赖于生成 $\hat{y}$ 的函数的结构。这个函数越复杂，偏导数也越复杂。神经元定义的函数同时包含加权和及激活函数，这意味着 SSE 相对于神经元权重的偏导数比上述偏导数还要更复杂。将激活函数包含在神经元中使 SSE 的偏导数多了一项，也就是激活函数相对于加权和函数输出的导数。计算激活函数相对于加权和函数输出的导数是因为加权和函数的输出是激活函数的输入。激活函数并不直接接收权重；相反，权重的变化只会通过其对加权和函数输出的影响间接影响激活函数的输出。对数几率函数之所以长期被用作神经网络的激活函数，正是因为它相对于其输入的导数非常简单。使用对数几率函数的神经元的梯度下降的权重更新规则如下：

$$w_i^{t+1} = w_i^t + \left(\eta \times \underbrace{\sum_{j=1}^{n} \left((y_j^t - \hat{y}_j^t) \times \underbrace{(\hat{y}_j^t \times (1 - \hat{y}_j^t))}_{\text{对数几率函数相对于加权和的导数}} \times x_{j,i}^t \right)}_{w_i\text{的误差梯度}} \right)$$

在权重更新规则中含有激活函数的导数，这一点意味着如果神经元使用的激活函数改变了，那么权重更新规则也要改变。但是，权重更新规则的改变只会涉及激活函数导数的改变，而规则的总体结构并不会发生变化。

上述扩展后的权重更新规则表明梯度下降算法可以用于训练单个神经元。但是，它无法用于训练含有多层神经元的神经网络，因为权重的误差梯度的定义依赖于函数输出的误差，即 $y_j-\hat{y}_j$。虽然可以通过直接比较输出层神经元的输出与目标输出来计算输出层神经元的输出的误差，但是直接计算网络隐层神经元的误差却是不可能的，因而也不可能计算这些神经元的权重的误差梯度。反向传播算法提供了一种解决方案，解决了网络隐层权重的误差梯度计算问题。

6.2　使用反向传播训练神经网络

反向传播一词有两种不同的含义。它的主要含义是指一种算法，可用于为网络中的每个神经元计算网络误差相对于该神经元权重变化的敏感度（梯度或变化率）。一旦计算出一个权重的误差梯度，这个权重就可以使用类似于梯度下降的权重更新规则的方法进行调整，以减小网络的总体误差。在这一意义下，反向传播算法可以解决第 4 章介绍的信贷分配问题。反向传播的第二种含义是指训练神经网络的一种完整算法。这第二种含义既包含了第一种含义，又包含了如何使用权重的误差梯度来更新网络权重的学习规则。因此，第二种含义表示的算法包含两步过程：求解信贷分配问题，以及使用信贷分配过程中计算出的权重的误差梯度对网络权重进行更新。由于在解决了信贷分配问题后有许多不同的学习规则可用于权重更新，因此有必要区分反向传播一词的这两种不同含义。与反向传播一起使用得最多的学习规则是之前介绍的梯度下降算法。本章介绍的反向传播算法关注的是反向传播的第一种含义，也就是作为信贷分配问题的一个解决方案。

6.2.1 反向传播算法：两阶段算法

反向传播算法首先使用随机值来初始化网络的所有权重。注意，即便是随机初始化的网络也能够为网络的输入生成输出值，虽然其输出可能有很大的误差。初始化网络权重后，就可以通过迭代更新权重对网络进行训练，以减小网络的误差。这里的网络误差是根据网络对输入模式生成的输出值与训练数据集中给定的该输入的目标输出值之间的偏差计算出来的。上述迭代更新权重的过程中的关键一步是求解信贷分配问题，也就是计算网络中每个权重的误差梯度。反向传播算法分两阶段解决这一问题。第一阶段称为前向传播过程，在该阶段将输入模式送进网络，得到的神经元激活值在网络中向前传播直至得到输出值。图 6-5 展示了反向传播算法的前向传播过程。图中显示了计算得到的每个神经元的输入的加权和（例如，z_1 表示第 1 个神经元的输入的加权和）及其输出（或激活值，如 a_1 表示第 1 个神经元的激活值）。之所以在图中列出每个神经元的 z_i 和 a_i 值，是为了说明在前向传播过程中，每个神经元的这两个值都会被保存在内存中。将它们保存在内存中是因为算法的反向传播阶段需要用到这些值。每个神经元的 z_i 值被用于计算对神经元的输入连接的权重的更新，而 a_i 值被用于计算对神经元的输出连接的权重的更新。下面将详细介绍反向传播阶段如何使用这些值。

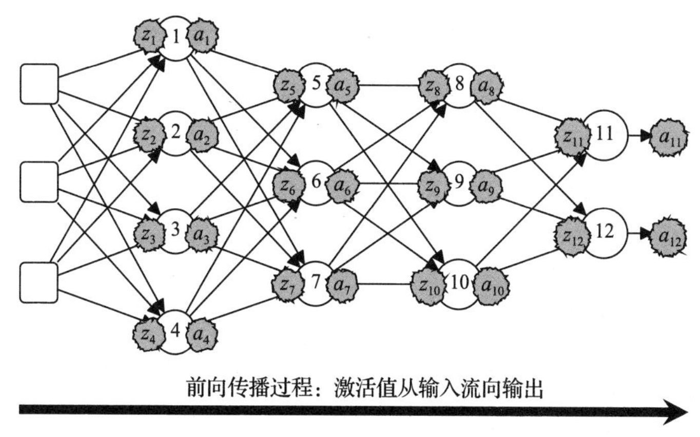

图 6-5　反向传播算法的前向传播过程

第二阶段称为反向传播过程，在该阶段首先计算输出层每个神经元的误差梯度。这些误差梯度反映了网络误差对神经元加权和计算结果变化的敏感性，通常用简写符号 δ（读音为代尔塔）加上代表神经元的下标来表示。例如，δ_k 表示网络误差相对于第 k 个神经元的加权和计算结果的梯度。反向传播算法计算了两种不同的误差梯度，理解这一点非常重要：

（1）第一个误差梯度是每个神经元的 δ 值。该值表示的是网络误差相对于该神经元的加权和计算结果的变化率。每个神经元都有一个 δ。算法反向传播的就是这些 δ 误差梯度。

（2）第二个误差梯度是网络相对于网络权重变化的误差梯度。网络中每个权重都有一个这样的误差梯度。这些误差梯度被用来更新网络权重。但是，首先需要（使用反向传播）计算出每个神经元的 δ 值，然后才能计算权重的误差梯度。

注意，每个神经元只有一个 δ，但是与它相关的权重却可能有很多。因此，神经元的 δ 值会被用在很多个权重误差梯度的计算中。

计算出输出神经元的 δ 值后，就可以计算最后一个隐层中的神经元的 δ 值。为此，需要将每个输出神经元的 δ 值的一部分分配给与该输出神经元直接相连的隐层神经元。从输出神经元到隐层神经元的责任分配依赖于神经元之间的连接权重，以及前向传播过程中隐层神经元的激活值（这就是为什么在前向传播过程中需要将激活值记录在内存中）。输出层的责任分配完成后，为了求得与输出层神经元相连的最后一个隐层中的每个神经元的 δ 值，只需将分配给输出层的每个神经元的 δ 值加起来。重复同样的责任分配与求和过程即可将误差梯度继续由最后一个隐层的神经元反向传播给倒数第二个隐层的神经元，如此重复，直至输入层。正是因为这样在网络中反向传播 δ 值的缘故，这个算法被称为反向传播算法。反向传播阶段结束时，网络中的每一个神经元都有了计算好

的 δ 值（即信贷分配问题被解决了），而这些 δ 值就可以拿来更新网络的权重了（例如使用前文介绍的梯度下降算法）。图 6-6 展示了反向传播算法的反向传播过程。图中，随着反向传播过程离输出层越来越远，δ 值变得越来越小。这便是第 4 章中讨论的梯度消失问题，它减缓了网络中靠前层的学习速度。

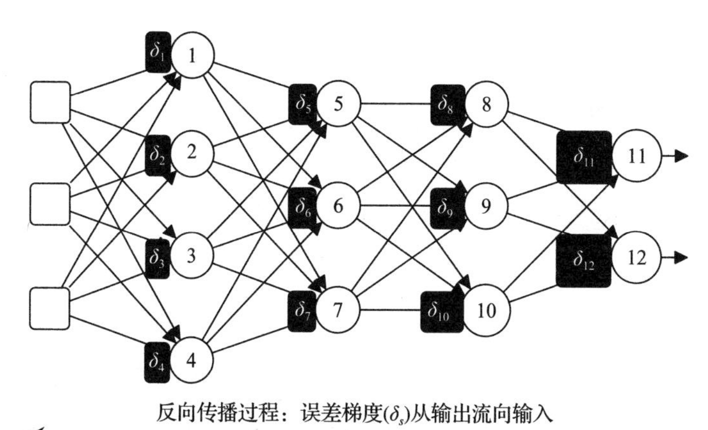

图 6-6　反向传播算法的反向传播过程

综上，反向传播算法每次迭代的主要步骤包括：

（1）将输入送进网络，将神经元的激活值通过网络向前传播直至生成输出值。记录此过程中每个神经元的加权和及激活值。

（2）计算输出层中每个神经元的误差梯度 δ（代尔塔）。

（3）将误差梯度 δ 反向传播，得到网络中每个神经元的误差梯度。

（4）使用之前得到的误差梯度 δ 和某种权重更新算法，如梯度下降，计算权重的误差梯度，并据此更新网络中的权重。

反向传播算法不断重复上述步骤，直至网络误差下降到（或收敛到）可接受的水平。

6.2.2 反向传播算法：反向传播 δ

一个神经元的 δ 值反映了网络相对于该神经元的输入的加权和计算结果的误差梯度。为了更清楚地说明这一点，图 6-7 的上图剖析了一个神经元 k 中的处理流程，其中 z_k 表示该神经元中加权和计算的结果。图中的神经元从另外三个神经元（h, i, j）接收输入（即它们的激活值），而 z_k 是这些激活值的加权和。将 z_k 传给一个非线性激活函数 φ（如对数几率函数）进行处理即可得到该神经元的输出 a_k。神经元 k 的 δ 值是网络误差相对于 z_k 的变化率，从数学上讲，也就是网络误差相对于 z_k 的偏导数：

$$\delta_k = \frac{\partial Error}{\partial z_k}$$

不管神经元在网络中的什么位置（输出层或隐层），它的 δ 值都可以通过两项的乘积计算得到。

（1）网络误差[⊖]相对于神经元激活值（输出）的变化率：$\partial E / \partial a_k$。

⊖ 网络误差用 E 表示。——译者注

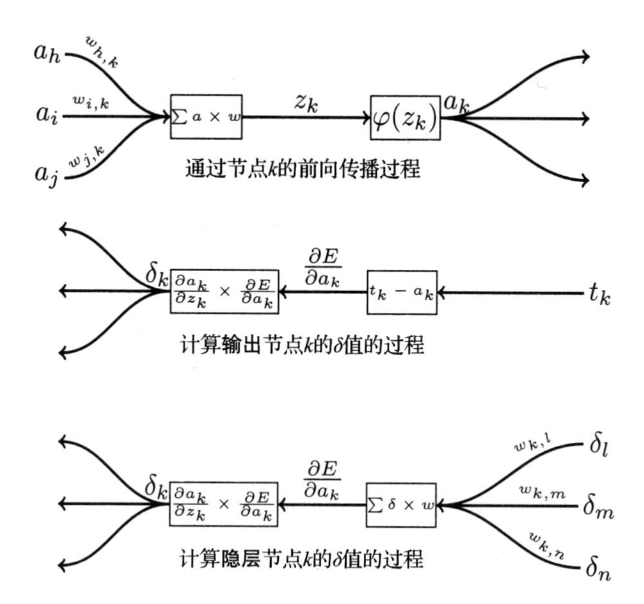

图 6-7　上图：通过神经元的加权和及激活函数前向传播激活值的过程。中图：计算一个输出神经元的 δ 值的过程（t_k 是神经元的目标激活值，而 a_k 是网络计算得到的实际激活值）。下图：计算一个隐层神经元的 δ 值的过程㊀。该图受到了参考文献 [38] 中图 5-2 和图 5-3 的一些启发

（2）神经元激活值相对于其输入的加权和计算结果的变化率：$\partial a_k / \partial z_k$。

$$\delta_k = \frac{\partial E}{\partial a_k} \times \frac{\partial a_k}{\partial z_k}$$

图 6-7 的中图说明了对于网络输出层的神经元这一乘积是如何计算的。首先计算网络误差相对于神经元输出的变化

㊀　图中 E 表示网络误差，w 表示连接权重。——译者注

率，即$\partial E / \partial a_k$。直观上，神经元的实际激活值$a_k$与目标激活值$t_k$之间的偏差越大，就可以通过改变神经元的激活值更快地改变网络误差。因此，网络误差相对于神经元k的输出激活值的变化率可以通过将神经元的目标激活值（t_k）减去实际激活值（a_k）得到：

$$\frac{\partial E}{\partial a_k} = t_k - a_k$$

这一结果将网络误差与神经元的输出联系了起来。但是，神经元的δ值是误差相对于其激活函数的输入(z_k)而非输出(a_k)的变化率。因此，为了计算神经元的δ值，就必须通过激活函数将$\partial E / \partial a_k$值进行反向传播，以将它与激活函数的输入联系起来。为此，将$\partial E / \partial a_k$与激活函数相对于其输入值$z_k$的变化率相乘。图 6-7 中，激活函数相对于其输入的变化率用$\partial a_k / \partial z_k$表示，可以通过将$z_k$值（该值在网络前向传播过程中被记录在了内存中）代入激活函数相对于其输入的导数公式来计算得到。例如，对数几率函数相对于其输入的导数为：

$$\frac{\partial \operatorname{logistic}(z)}{\partial z} = \operatorname{logistic}(z) \times (1 - \operatorname{logistic}(z))$$

该函数如图 6-8 所示[⊖]，图中还说明了将z_k值代入上述公式的结果介于 0～0.25 之间，例如当z_k=0 时，$\partial a_k / \partial z_k = 0.25$。这就是为什么需要在算法前向传播过程中将每个神经元的加权和结果（z_k）保存下来。

⊖ 该图在第 4 章中也出现了。此处重复此图只是为了阅读方便。

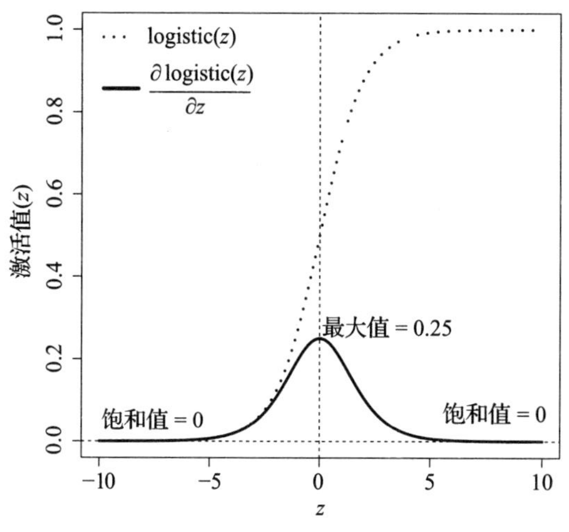

图 6-8　对数几率函数（logistic）及其导数

计算神经元的 δ 值需要计算与神经元激活函数的导数的乘积，因此，必须能够求得神经元激活函数的导数。然而，由于阈值激活函数在阈值处不连续，因此无法计算它的导数。这导致反向传播算法不适用于由使用阈值激活函数的神经元构成的网络。这就是为什么神经网络不再使用阈值激活函数而开始使用对数几率激活函数和双曲正切激活函数。对数几率函数和双曲正切函数的导数非常简单，这使得它们尤其适合于反向传播。

图 6-7 的下图说明了隐层神经元的 δ 值是如何计算的，其中涉及与输出层神经元中一样的乘积项。区别在于隐层单元的 $\partial E / \partial a_k$ 的计算更加复杂。对于隐层神经元，无法直接将其输出与网络误差联系起来。隐层神经元的输出只是间接影

响着网络的总体误差，这种影响需要通过那些接收其输出作为输入的后续神经元来实现，而因此引起的后续神经元变化的大小又取决于每个后续神经元赋予其输出的权重。此外，对网络误差的这种间接影响还依赖于网络误差对这些后续神经元的敏感性，也就是它们的 δ 值。因此，网络误差对一个隐层神经元输出的敏感性可以通过计算与该神经元直接相连的后续神经元的 δ 值的加权和来得到：

$$\frac{\partial E}{\partial a_k}=\sum_{i=1}^{N} w_{k,i}\times\delta_i$$

根据该计算公式，在计算神经元 k 的 $\partial E/\partial a_k$ 之前，必须先计算在前向传播过程中接收该神经元输出的所有后续神经元的误差项（δ 值）。这并不是一个问题，因为在反向传播过程中，算法是由后向前通过网络的，在抵达神经元 k 之前，后续神经元的 δ 值都已经计算好了。

对于隐层神经元，计算 δ 值的乘积公式中的另一项 $\partial a_k/\partial z_k$ 可以用与输出层神经元一样的方法计算得到：将神经元的 z_k 值（其输入的加权和，在通过网络前向传播的过程中已经被保存下来了）代入神经元激活函数相对于输入值的导数公式中。

6.2.3 反向传播算法：更新权重

反向传播算法调整网络权重的基本原则是，对网络中每个权重的更新应该与网络总体误差相对于该权重变化的敏感性成正比。这样做的直观原因是，如果网络的总体误差不受某个权重变化的影响，那么网络误差就是独立于这个权重的，因而这个权重不会影响网络误差。网络误差对单个权重变化的敏感性用网络误差相对于该权重的变化率来衡量。

网络的总体误差是一个含有多个输入（网络的输入及其所有权重）的函数。因此，网络误差相对于某个权重的变化率可以用网络误差相对于该权重的偏导数来表示。在反向传播算法中，使用链式法则计算网络误差相对于某个权重的偏导数。根据链式法则，网络误差相对于神经元 j 与神经元 k 之间的连接权重 $w_{j,k}$ 的偏导数等于以下两项的乘积：

（1）第一项为神经元 k 的输入的加权和相对于权重的变化率 $\partial z_k / \partial w_{j,k}$；

（2）第二项为网络误差相对于神经元 k 的输入的加权和计算结果的变化率（也就是神经元 k 的 δ_k）。

图 6-9 说明了这两项的乘积是如何将网络的一个权重与其输出误差联系起来的。图中展示了在只有单一激活路径的网络中最后两个神经元（k 和 l）的处理过程。神经元 k 接收单一输入 a_j，而其输出是神经元 l 的唯一输入。神经元 l 的输出就是网络的输出。在该网络片段中有两个权重——$w_{j,k}$ 和 $w_{k,l}$。

对网络每个权重的更新应该与网络总体误差相对于该权重变化的敏感性成正比，这是反向传播算法调整网络权重的基本原则。

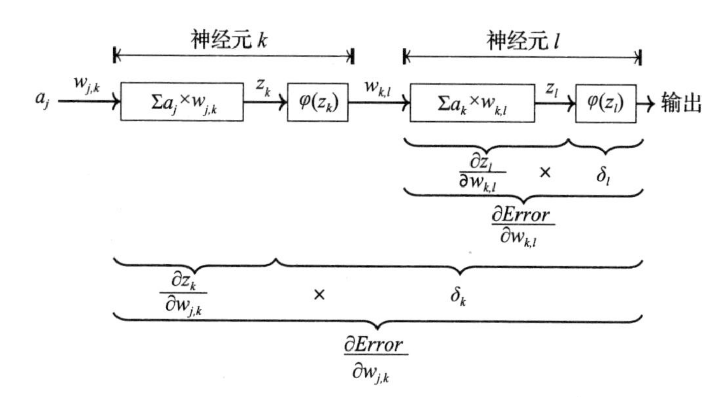

图 6-9　说明导数的乘积是如何将网络权重与网络误差联系在一起的示意图

图 6-9 中的计算涉及很多不同元素，因而看起来比较复杂。但是，随着将这些计算逐步展开，我们会发现其中的每一个元素其实都很容易计算，唯一的困难在于记录所有这些不同元素。

先来看 $w_{k,l}$，这个权重作用于网络输出层神经元的一个输入。在该权重和网络输出（以及误差）之间有两步处理：第一步是计算神经元 l 中的加权和，第二步是使用神经元 l 的激活函数对这个加权和进行非线性处理。从输出向后反向处理，使用图 6-7 的中图的计算方法可以得到 δ_l：计算神经元的目标激活值与实际激活值之间的偏差，再将该偏差与神经元激活函数相对于其输入（加权和 z_l）的偏导数 $\partial a_l / \partial z_l$ 相乘。假设神经元 l 使用的激活函数是对数几率函数，$\partial a_l / \partial z_l$ 值可以通过将 z_l 值（在算法前向传播过程中被保存下来了）代入对数几率函数的导数公式计算得到：

$$\frac{\partial a_l}{\partial z_l}=\frac{\partial \text{logistic}(z_l)}{\partial z_l}=\text{logistic}(z_l)\times(1-\text{logistic}(z_l))$$

因此，在假设神经元 l 使用对数几率函数的情况下，δ_l 的计算如下：

$$\delta_l=\text{logistic}(z_l)\times(1-\text{logistic}(z_l))\times(t_l-a_l)$$

δ_l 将网络误差与激活函数的输入（加权和 z_l）联系了起来。但是，我们希望将网络误差与权重 $w_{k,l}$ 联系起来。为此，我们将 δ_l 与加权和函数相对于权重 $w_{k,l}$ 的偏导数 $\partial z_l/\partial w_{k,l}$ 相乘。该偏导数反映了加权和函数 z_l 是如何随着权重 $w_{k,l}$ 的变化而变化的。加权和函数是权重与激活值的线性函数，因此，在加权和函数相对于某个特定权重的偏导数中，所有与该权重无关的项都会变成 0（也就是这些项被当成了常数），且该偏导数可以简化成输入样本中与该权重相对应的元素值 a_k。

$$\frac{\partial z_l}{\partial w_{k,l}}=a_k$$

这就是为什么在前向传播过程中需要将网络中每个神经元的激活值保存下来。综合这两项（$\partial z_l/\partial w_{k,l}$ 和 δ_l）便可以将权重 $w_{k,l}$ 与网络误差联系起来：首先将权重与 z_l 联系起来，然后将 z_l 与神经元的激活值联系起来，这样权重也就与网络误差联系了起来。综上，网络误差相对于权重 $w_{k,l}$ 的梯度计算如下：

$$\frac{\partial Error}{\partial w_{k,l}}=\frac{\partial z_l}{\partial w_{k,l}}\times\delta_l=a_k\times\delta_l$$

在图 6-9 中网络的另一个权重 $w_{j,k}$ 位于网络中更靠前的位置，因而需要更多的处理步骤才能将其与网络输出（及误差）联系起来。通过反向传播（如图 6-7 的下图所示），使用下述两项的乘积计算神经元 k 的 δ 值：

$$\delta_k = \frac{\partial a_k}{\partial z_k} \times (w_{k,l} \times \delta_l)$$

假设神经元 k 使用的激活函数也是对数几率函数，那么 $\partial a_k / \partial z_k$ 可以与 $\partial a_l / \partial z_l$ 一样计算：将 z_k 值代入对数几率函数的导数公式。因此，δ_k 的计算公式如下：

$$\delta_k = \text{logistic}(z_k) \times (1 - \text{logistic}(z_k)) \times (w_{k,l} \times \delta_l)$$

然而，为了将权重 $w_{j,k}$ 与网络误差联系起来，必须将 δ_k 与神经元 k 的加权和函数相对于权重的偏导数 $\partial z_k / \partial w_{j,k}$ 相乘。如前所述，加权和函数相对于某个权重的偏导数可以简化为与该权重 $w_{j,k}$ 相对应的输入元素（即 a_j），而网络误差相对于隐层权重 $w_{j,k}$ 的梯度为 a_j 与 δ_k 的乘积。因此，$\partial z_k / \partial w_{j,k}$ 与 δ_k 的乘积项形成了连接权重 $w_{j,k}$ 与网络误差的链。为了表述上的完整性，假设神经元使用对数几率函数，此时 $w_{j,k}$ 的乘积项为：

$$\frac{\partial Error}{\partial w_{j,k}} = \frac{\partial z_k}{\partial w_{j,k}} \times \delta_k = a_j \times \delta_k$$

虽然以上讨论基于一个只有单个连接路径的非常简单的网络，但是它可以推广到更复杂的网络，因为其中针

对隐层单元的 δ 项的计算已经考虑了从一个神经元出发的多条连接。一旦计算出网络误差相对于一个权重的梯度（$\partial Error / w_{j,k} = \delta_k \times a_j$），就可以使用梯度下降的权重更新规则对权重进行调整，以减小网络误差。使用反向传播的符号，算法第 t 次迭代中对神经元 j 和神经元 k 之间的连接权重的更新规则可以写成：

$$w_{j,k}^{t+1} = w_{j,k}^{t} + (\eta \times \delta_k \times a_j)$$

最后，有关使用反向传播和梯度下降训练神经网络的一个重要说明是，神经网络的误差曲面比线性模型的要复杂得多。图 6-3 用了一个含有唯一全局最小值（也就是唯一最优权重值）的光滑的凸形碗来说明线性模型的误差曲面。但是，神经网络的误差曲面看起来更像是一个含有多个山峰和山谷的山脉。这是因为网络中的每个神经元都含有一个从输入到输出的非线性映射，因而整个网络实现的也是一个非线性函数。在网络神经元中引入非线性增强了网络的表达能力，使网络能够学习非常复杂的函数。但是，这样做的代价便是误差曲面变得更加复杂，梯度下降算法也不再确保能够找到误差曲面的全局最低点对应的权重。相反，算法很可能会被困在一个局部最低点。幸运的是，反向传播和梯度下降算法常常还是能够找到对于我们解决实际问题而言足够有用的模型权重，尽管训练过程可能需要在误差曲面的不同部分进行很多次搜索。

7

第 7 章

深度学习的未来

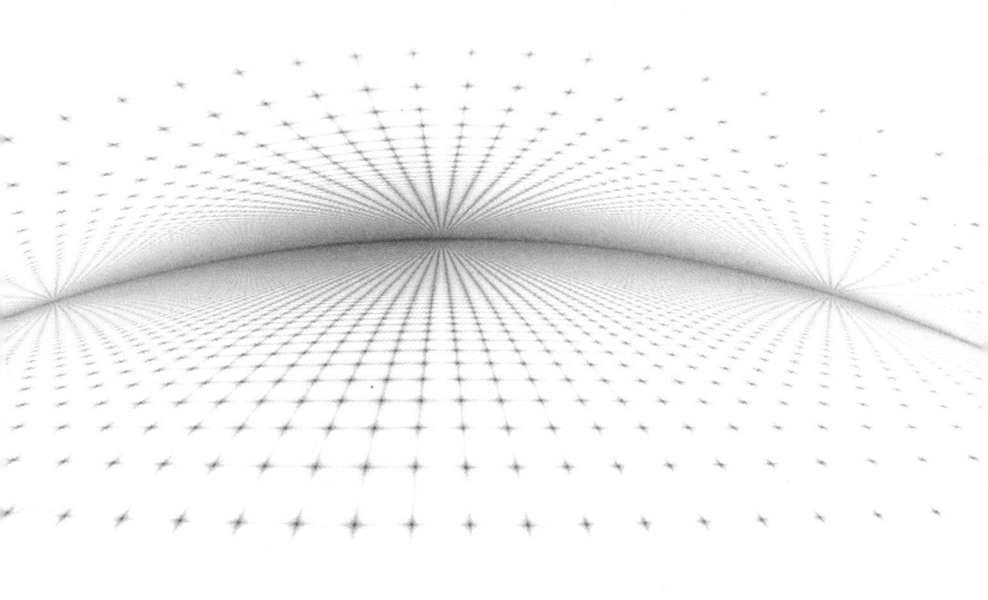

2019 年 3 月 27 日，Yoshua Bengio、Geoffrey Hinton 和 Yann LeCun 被一起授予了 ACM A. M. 图灵奖，以表彰他们为深度学习做出的贡献，他们提出的理论与方法已经成为推动当代人工智能革命的核心技术。图灵奖被誉为计算机领域的诺贝尔奖，奖金有 100 万美元。Yoshua Bengio、Geoffrey Hinton 和 Yann LeCun 有时一起工作，有时独立工作或与其他人合作，他们在数十年的工作中，为深度学习做出了非凡贡献，从 20 世纪 80 年代推动反向传播算法的流行，到提出卷积神经网络、词嵌入、网络中的注意力机制以及生成对抗网络等（还有很多其他贡献，无法一一列举）。在颁奖词中提到了深度学习给计算机视觉、机器人、语音识别和自然语言处理等领域带来的突破性进展，以及这些技术对社会生活产生的深刻影响，如今每天都有数十亿人通过智能手机应用使用基于深度学习的人工智能。颁奖词还强调，深度学习为科学家们提供了强大的新工具，凭借这些工具，科学家们在包括医学和天文学等在内的诸多领域取得了突破。将图灵奖授予这三位研究人员，反映了深度学习对现代科学与社会的重要性。通过日益增长的数据集、不断出现的新算法以及持续提升的硬件之间的良性循环推动深度学习的发展与应用，深度学习对技术的变革性影响在未来几十年间会变得越来越显著。这种趋势不会停止，而且深度学习领域对它的回应将会推动这一领域未来的成长与革新。

7.1　推动算法革新的大数据

第 1 章介绍了不同类型的机器学习：有监督学习、无监督学习以及强化学习。本书的大部分内容都是关于有监督学习的，这主要因为有监督学习是最常用的机器学习形式。但是，有监督学习的一个难点是，为数据集标注必要的目标值往往需要花费大量的金钱与时间。随着数据集越来越大，数据集的标注成本正在成为拓展新应用的一大障碍。ImageNet 数据集[1]很好地说明了深度学习中标注任务的规模。这个数据集发布于 2010 年，是 ImageNet 大规模视觉识别挑战赛（ILSVRC）的基础。正是在这个挑战赛上，AlexNet CNN 赢得了 2012 年的冠军，而 ResNet 系统赢得了 2015 年的冠军。正如第 4 章中讨论的，AlexNet 在 2012 年 ILSVRC 中的成功大大激发了人们对深度学习模型的激情。然而，如果没有 ImageNet 数据集，AlexNet 也不可能取得这样的成功。ImageNet 中有 1400 多万张图像，这些图像中出现的目标类型都被手动标注了出来，而且其中 100 多万张图像上的目标的包围框也被标注好了。标注如此大规模的数据需要大量的精力和预算，标注过程中还使用了众包平台。为每一种应用都构建这样规模的标注数据集是不可行的。

[1] http://www.image-net.org。

随着数据集越来越大，数据集的标注成本正在成为拓展新应用的一大障碍。

为了应对数据标注的挑战，越来越多的人开始关注无监督学习。Hinton的预训练方法（见第4章）中使用的自编码器模型就是一种基于神经网络的无监督学习方法。近年来，已有多种自编码器被提出。训练生成模型是应对数据标注问题的另一种方法。生成模型的目标是学习数据的分布（或者说对产生数据的过程进行建模）。与自编码器类似，生成模型常被用来在训练有监督模型之前先学习数据的有用表示。生成对抗网络（GAN）就是训练生成模型的一种方法，近年来受到了非常多的关注[13]。一个GAN由真实数据的一个采样和两个神经网络构成，其中这两个网络分别是生成模型和判别模型。这些模型以一种对抗的方式进行训练。判别模型的任务是学会区分从数据集中采样的真实数据和由生成模型合成的假数据。生成模型的任务是学会合成出能骗过判别模型的假数据。使用GAN训练出来的生成模型能学会合成模仿艺术风格的假图像[6]，还能学会合成已经标注好患处的医学图像[8]。学习合成医学图像，同时将合成图像上的患处分割出来，这意味着可以自动生成能用于有监督学习的海量标注数据集。GAN的一个更加令人担忧的应用是使用这些网络生成*深度造假数据*（称为deep fake）：一个深度造假数据是指一段伪造视频，该视频通过将某个人的人脸替换进另一个人的视频中得到，在得到的伪造视频中这个人在做的事情实际上他从未做过。深度造假数据很难被检测出来，而且已经在不少场合被恶意用于造成公众人物的尴尬，或散播假新闻事件。

解决数据标注问题还有一种方法：赋予已经在类似任务上训练好的模型以新的用途，而不用从头开始为每个新应用训练新模型。使用一个任务上训练得到的信息（或表示）来辅助另一个任务的学习，这样的机器学习问题被称为迁移学习。想要迁移学习有效，两个任务必须具有相关性。在图像处理领域中，迁移学习就常被用来加速跨不同任务的模型的训练。之所以迁移学习适合于图像处理任务，是因为底层视觉特征（如边缘）相对比较稳定，而且在几乎所有的视觉任务中都是有用的。此外，CNN 模型学习了层次化的视觉特征，其浅层学习了检测输入中的底层视觉特征的函数，因而可以根据不同的图像处理任务赋予预训练好的 CNN 浅层新用途。例如，某个项目需要一个图像分类模型来识别特定类型的目标，但是像 ImageNet 这样的一般图像数据集中并不包含这些目标的图像。目前相对标准的做法并非从头开始训练一个新的 CNN 模型，而是首先下载一个已经在 ImageNet 上训练好的比较好的模型（如微软的 ResNet 模型），然后将该模型的最后几层替换成新的层，最后再使用根据项目需要标注了合适的目标类型的相对较小的数据集，对前述新的混合模型进行训练。替换较好的（一般）模型的最后几层，是因为这些层已经将底层特征与原始模型想要处理的特定类型的任务相结合了。模型的浅层已经被训练好提取底层视觉特征，这使得为新项目训练模型的速度大大加快，而且需要的训练数据也减少了。

对无监督学习、生成模型和迁移学习不断增长的兴趣可以看成对标注日益增大的数据集所面临的挑战的一种回应。

7.2　新模型的提出

提出新的深度学习模型的速度每年都在变快。最近的一个例子就是胶囊网络 [17, 45]。设计胶囊网络的目的是克服 CNN 的一些局限性。CNN 的一个问题是它忽略了对象结构中的高层组件之间的精确空间关系，该问题有时也被称为毕加索问题。这一问题对实际应用的影响可能是这样的：以用于人脸识别的 CNN 为例，网络可能已经学会识别眼睛、鼻子和嘴巴的形状，但是却不能学到这些组件之间必须满足的空间结构关系。这导致可以使用一张包含了这些组件的图像来骗过网络，即便它们不在各自正确的位置上。出现上述问题的原因是 CNN 中的池化层将位置信息丢失了。

胶囊网络的核心源于人脑以一种视点不变的方式学习如何识别对象的类型。本质上，每一个对象类型都有一个对象类，类中包含许多实例化参数。对象类对对象信息（如对象的不同组件之间的相对关系）进行编码。实例化参数控制如何将对象类型的抽象描述映射到对象在当前视角（如姿态、尺度等）中的具体实例。

一个胶囊是一组神经元，它们学习识别是否有特定类型的对象或对象组件出现在图像中的特定位置。如果一个对象在相关位置出现了，那么胶囊就输出一个表示对象实例的实例化参数的行为向量。胶囊被嵌入卷积层。但是，胶囊网络将常用于定义卷积层之间的接口的池化过程替换成动态路由过程。动态路由的思想是网络某层中的每个胶囊学习预测下一层中哪一个胶囊与它最相关，以将自身的输出向量向前传播给那个胶囊。

在本书写作期间，胶囊网络在 MNIST 手写数字识别数据集上取得了顶尖的性能。然而，以如今的标准，MNIST 是一个相对较小的数据集，而胶囊网络还没有被扩展到更大规模的数据集上。造成这一现象的部分原因是动态路由过程减缓了胶囊网络的训练进程。但是，如果胶囊网络被成功扩展，它们将形成一种重要的新模型，以更加接近于人类进行图像分析的方式扩展神经网络分析图像的能力。

近期提出的另一个引起了很多关注的模型是转换器（Transformer）模型[51]。转换器模型代表了深度学习中的一大趋势：在设计模型时，引入成熟的内部注意力机制，以使模型在产生输出时能够动态选择并关注输入的某些子集。转换器模型在一些语种的机器翻译上取得了顶尖的效果，它未来有望取代第 5 章中介绍的编码器 – 解码器架构。BERT（基于转换器的双向编码表示）模型是基于转换器架构创建的[5]。BERT 的提出特别有趣，因为它的核心其实是迁移学习的思想（与前面讨论的数据标注瓶颈问题有关）。使用 BERT 构建自然语言处理模型的基本方法是：首先使用大规模的未标注数据集预训练一个给定语种的模型（数据集没有标注意味着其构建成本相对较低），然后以此预训练好的模型为基础，使用相对较小的标注数据集对该模型进行有监督的微调训练，为该语种的特定任务（如情感分析或问答系统）构建模型。BERT 的成功已经表明这种方法对于开发顶尖的自然语言处理系统而言是易操作且有效的。

7.3　新形式的硬件

图形处理单元（GPU）为当今的深度学习提供了动力。GPU 是针对快速矩阵乘法运算进行了优化的专门硬件。21 世纪 00 年代后期，采用商用 GPU 来加速神经网络训练是为深度学习创造动力的众多突破性因素中的关键。过去十年间，硬件制造商已经认识到深度学习市场的重要性，而且已经研究发布了专门为深度学习设计的硬件，这些硬件能够支持 TensorFlow 和 PyTorch 等深度学习库。随着数据集和网络的规模持续变大，对于更快硬件的需求也在持续增长。然而，与此同时，人们越来越认识到深度学习所需的能耗代价，而且已经开始寻找能耗更低的硬件方案。

Carver Mead 于 20 世纪 80 年代后期在其工作中提出了

类脑计算（也称为神经形态计算）[1]。类脑芯片由超大规模集成（VLSI）电路组成，其中可能连接了数百万个称为脉冲神经元的低能耗单元。与标准深度学习系统中使用的人工神经元相比，脉冲神经元的设计与生物神经元的行为更加接近。特别是，脉冲神经元不会对在某个特定时间点上输入它的激活做出响应，也就是不会被激发。相反，脉冲神经元在接收到激活脉冲时会维持其内部状态（或激活电势），并随着时间的推移而改变。当接收到新的激活时，脉冲神经元的激活电势随之增加，而在没有激活到来时，激活电势又会随着时间的推移而衰减。当激活电势超过特定阈值时，脉冲神经元被激发。由于脉冲神经元的激活电势会随着时间衰减，只有当它在一定的时间窗口内接收到规定数量的输入激活（脉冲模式）时，它才会被激发。这种基于时间的处理方式的一大优点是脉冲神经元不会在每一个传播周期中都被激发，从而降低了网络的能量消耗。

和传统 CPU 的设计相比，类脑芯片有很多独特之处。

（1）基本构件：传统 CPU 是使用基于半导体的逻辑门（如与门、或门、与非门）构建的，而类脑芯片是使用脉冲神经元构建的。

（2）类脑芯片与 CPU 也有可类比之处：在传统数字计算机中，信息以与中央时钟同步的高 – 低电脉冲的形式传输；在类脑芯片中，信息则以随着时间变化的高 – 低信号模式传输。

[1] https://en.wikipedia.org/wiki/Carver_Mead。

（3）架构：传统 CPU 的架构基于冯诺依曼体系结构，本质上是中心化的，所有信息都要通过 CPU。而类脑芯片允许脉冲神经元之间的信息流大量并行。脉冲神经元相互之间直接进行通信，而无须通过一个信息处理中心。

（4）信息表示随着时间分布：通过类脑芯片传播的信息信号采用分布式表示，和第4章中讨论的分布式表示类似，不同之处在于类脑芯片中的表示在时间维度上也是分布式的。相比于局部表示，分布式表示在信息损失方面更加鲁棒。当要在几十万、上百万个部件间进行信息传输时，该特性非常有用，因为有些部件很可能会失效。

现在有好几个关于类脑计算的重大科研项目。例如，欧洲委员会在 2013 年给为期十年的人类大脑项目[⊖]提供了 10 亿欧元的资金。该项目直接聘用了 500 多名科学家，有全欧洲一百多家研究中心参与。项目的关键目标之一就是研发类脑计算平台，该平台能够对完整的人类大脑进行模拟。目前，已经有不少商业的类脑芯片被开发了出来。2014 年，IBM 上线了 TrueNorth 芯片，它包含超过 100 万个神经元，这些神经元之间通过 2 亿 8600 多万个突触相互连接在一起。该芯片的能耗大约是常规微处理器的万分之一。2018 年，英特尔实验室预告了 Loihi（读音为“喽一嗨”）类脑芯片。该芯片含有 131 072 个神经元，以及将这些神经元连接在一起的 130 000 000 个突触。类脑计算具有改变深度学习的潜力，但

⊖ https://www.humanbrainproject.eu/en/。

它仍然面临很多挑战，尤其是对如此大规模的并行硬件进行编程所需的算法和软件模式的研发挑战。

最后，在稍长的时间线上，量子计算是另一种硬件研究路线，它也同样具有改变深度学习的潜力。目前已经有了量子计算芯片，例如，英特尔已经造出了49奎比特的量子测试芯片，其代号为Tangle Lake。量子中的一个奎比特相当于传统计算中的一个二进制位（一个比特）。一个奎比特能够保存超过一个比特的信息；但是，据估算，要想量子计算满足商业应用的需求，首先需要一个有100万甚至更多奎比特的系统。目前看来，量子芯片要达到这个等级还需要大约七年的时间。

7.4 可解释性问题

机器学习和深度学习是实现数据驱动决策的基础。尽管深度学习提供了一组强大的算法和技术，借助它们可以训练出在不少决策类任务上能够与人类相媲美（甚至超过人类）的模型，但是很多情况下光有决策还是远远不够的，还需要决策背后的推理。这一点在决策会影响到某个人时显得尤为重要，比如医疗诊断或信贷评估的决策。这样的关切体现在与个人数据使用、事关个体的算法决策等有关的隐私和种族条例中。例如，通用数据保护条例（GDPR）第71条[⊖]规定，受到由自动决策

⊖ 引言是一系列不具法律效力的陈述。它是为了有助于更明确地阐述具有法律效力的文本的含义。

过程产生的决策影响的个人有权要求关于决策过程的解释。

不同的机器学习模型在决策过程方面的可解释性并不相同。深度学习模型或许是可解释性最差的。在某种描述性的层次上，深度学习模型非常简单：就是由相互连接成网络的简单处理单元（神经元）构成的模型。然而，网络的规模（也就是神经元的个数以及神经元之间的连接数）、表示的分布式本质以及信息通过网络时输入数据的连续变换等因素导致想要解读、理解乃至说明网络是如何利用输入做出决策的极为困难。

GDPR 中解释权的法律地位目前还是含糊的，它对机器学习和深度学习的具体影响还需要在法庭上解决。然而，这个例子还是凸显出了有关更好理解深度学习模型使用数据的方法的社会需要。从技术角度而言，解释和理解深度学习模型的内部工作原理的能力也是非常重要的。例如，理解模型使用数据的方法能够揭示模型在决策过程中是否有不必要的偏见，还能揭示模型会失效的极端案例。深度学习以及更广泛的人工智能研究领域已经对这一问题做出了回应。目前，有不少项目和会议是关于可解释的人工智能、机器学习中的人类可解释性这样的话题的。

Chis Olah 和他的同事们将目前用来检验深度学习模型内部工作原理的主要技术总结为：特征可视化、归因和降维 [36]。一种理解网络如何处理信息的方法是理解什么样的输入会引发网络的特定行为，如神经元被激发的行为。理解导致神经元被激发的特定输入可以使我们理解神经元究竟学会检测输入中的什么特征。特征可视化的目的是生成和可视化引起网络中特定行为的输入。优化技术（如反向传播）被证明可用于生成这样的输入。具体过程是，首先生成随机输入，然后对输入进行迭代更新直至成功激发网络的目标行为。一旦需要的输入被找到了，就可以将其可视化，以更好地理解网络在做出特定响应时究竟在输入中检测了什么。归因的目的主要是解释神经元之间的关系，例如，网络某一层中一个神经元的输出是如何影响网络的总体输出的。为此，可以生成网络神经元的显著性图（或热图），图中显示网络在做某种特定决策时给某个神经元的输出赋予了多少权重。最后，深度学习网络中的大部分行为都基于对高维向量的处理。数据可视化使我们能够运用强大的视觉系统来解读数据以及数据之间的关系。然而，可视化超过三维的数据非常困难。因此，能够系统地降低高维数据的维度并将降维结果可视化的技术对于解释深度网络中的信息流极其有用。*t*-SNE㊀是可视化高维数据的知名技术之一，它将每个数据点投影到二维或三维图上[50]。有关解释深度学习网络的研究才刚起步，但在未来几年中，出于社会和技术的原因，该研究很可能会成为深度学习领域更受关注的一个方向。

㊀ Laurens van der Maaten and Geoffrey Hinton.Visualization Data using *t*-SNE[J].Journal of Machine Learning Research, 2008,9 : 2579-2605。

一种理解网络如何处理信息的方法是理解什么样的输入会引发网络的特定行为，如神经元被激发的行为。

7.5 结语

深度学习是涉及大规模高维数据集的应用的理想选择。因此，深度学习有望为我们这个时代的一些重大科学问题做出重大贡献。过去二十年间，生物测序技术的突破已经使生成高精度 DNA 序列成为可能。这样的基因数据具备作为下一代个性化精准医药的基础的潜力。与此同时，国际科研项目（如大型强子对撞机和地球轨道望远镜）每天都在生成巨量数据。分析这些数据可以帮助我们在最小和最大的尺度上理解我们所在的宇宙的物理规律。作为对这些泛滥的数据的回应，越来越多的科学家正在转向机器学习和深度学习以实现对这些数据的分析。

然而，在更平凡的层面上，深度学习已经直接影响了我们的生活。过去几年间，你或许已经在不知不觉间每天使用着深度学习模型。每次当你使用互联网搜索引擎、机器翻译系统、相机或社交媒体网站上的人脸识别系统，或者智能设备上的语音接口时，你可能就用到了一个深度学习模型。或许更令人担心的是，你在线上世界中活动时留下的数据和元数据的痕迹也可能在被深度学习模型处理和分析。这就是为什么理解深度学习是什么、它是怎么工作的、它能用来做什么以及当前有哪些局限性如此重要。

GLOSSARY 术语表

Activation Function（激活函数）

激活函数的输入是对神经元输入的加权和，而其输出则是对该加权和的非线性映射。在神经网络的神经元中加入激活函数可以使神经网络具备学习非线性映射的能力。常用的激活函数包括：对数几率函数（logistic）、双曲正切函数（tanh）和线性整流单元（ReLU）。

Artificial Intelligence（人工智能）

人工智能研究领域聚焦于计算系统的研发，这类计算系统能够执行通常认为需要人类智力来完成的任务和活动。

Backpropagation（反向传播）

反向传播是一种用于训练含有隐层的神经网络的算法。在训练过程中，迭代更新神经网络的权重参数，以降低神经网络的误差。为了更新神经网络中某个特定神经元的输入连接的权重，需要首先估算该神经元的输出对神经网络整体误差的贡献。反向传播算法提供了一种为神经网络中的每一个神经元估算该误差贡献的方法。根据估算出的误差贡献，就可以使用梯度下降之类的优化算法对神经元的权重进行更新。反向传播算法包含两个过程：前向传播和反向传播。前向传播过程中，将样本输入神经网络，并且在神经网络的输出层比较网络的输出值和输入样本对应的目标输出值，得到神经网络的误差。反向传播过程中，神经网络的误差被反向传输给网络中的每一个神经元，并且根据不同神经元的输出对神经网络误差的贡献，在这些神经元之间按比例分配。上述在神经网络中反传并分配误差的过程其实就是在反向传播误差，这便是该算法得名的原因。

Convolutional Neural Network（卷积神经网络）

卷积神经网络是指至少含有一个卷积层的神经网络。卷积层由一组共享权重的神经元构成，组合这些神经元的感受野可以覆盖整个输入。这样一组神经元的输出的组合被称为一个特征图。在大多数卷积神经网络中，上述特征图还会依次经过 ReLU 激活层和池化层的进一步处理。

Dataset（数据集）

数据集是一组实例的集合，其中每一个实例由一组特征表示。一般情况下，一个数据集可以组织成一个大小为 $n \times m$ 的矩阵，其中行数 n 表示实例的数目（每行对应一个实例），列数 m 表示特征的数目(每列对应一种特征)。

Deep Learning（深度学习）

作为机器学习的一个分支，深度学习设计和评估当代神经网络模型的结构和训练算法。深度神经网络是指含有多个（比如超过 2 个）隐层的神经网络。

Feedforward Network（前馈网络）

前馈网络是指其中所有连接均指向后续层中的神经元的网络。换句话说，前馈网络中不存在由某个神经元的输出指向其所在层之前层中的神经元的输入的反向连接，即网络中靠后的层中的神经元的输出不能作为网络中靠前的层中的神经元的输入。

Function（函数）

函数是指由一组输入值到一个或多个输出值的确定性映射。在机器学习中，函数和模型这两个术语常常可以互换使用。

Gradient Descent（梯度下降）

梯度下降是一种优化算法，可用于寻找对数据集中的模式而言建模误差最小的函数。在训练神经网络时，梯度下降能够估算出神经元的权重值，以最小化其输出误差。在更新某个神经元的权重时，下降的梯度值即为该神经元的误差梯度值。梯度下降算法与反向传播算法的结合被广泛用于含有隐层的神经网络的训练。

GPU (Graphical Processing Unit)（图形处理单元）

GPU 是针对快速矩阵乘法运算进行了优化的专用硬件。GPU 最初是为了加快图形渲染的速度，但是它在加快神经网络的训练速度方面也很有用。

LSTM (Long Short-Term Memory)（长短时记忆）

LSTM 网络是为了解决循环神经网络的梯度消失问题而设计的。LSTM 网络由一个细胞组和其上的一组门构成，网络中的激活值从一个时步流向下一个时步，而且这些激活值的流动由细胞组上的门控制。标准 LSTM 网络架构中一般含有三类门：遗忘门、输入门和输出门。这些门可以用 S 形和双曲正切激活函数组成的层实现。

Machine Learning (ML)（机器学习）

作为计算机科学的一个领域，机器学习主要研发和评估能够使计算机根据经验进行学习的算法。一般而言，经验可以用由历史事件构成的数据集表示，而学习就是在这样的数据集中发现和提取有用的模式。机器学习算法以数据集为输入，其输出模型编码了从数据中提取（或学习）的模式。

Machine Learning Algorithm（机器学习算法）

机器学习算法对数据集进行分析，得到与数据中的模式相匹配的模型（即作为一个函数的实例的计算机程序）。

Model（模型）

在机器学习中，一个模型就是一个计算机程序，该程序对机器学习算法从数据集中提取出来的模式进行编码。机器学习模型分为很多种；但是，深度学习主要创建包含多个隐层的神经网络模型。通过在数据集上运行机器学习算法来创建（或训练）模型。训练好的模型可被用来分析新的实例；使用训练好的模型分析新实例的过程有时被称为推理。在机器学习中，模型和函数这两个术语常常被互换使用：模型就是实例化函数的计算机程序。

Neuromorphic Computing（类脑计算）

类脑芯片由大规模的脉冲神经元架构组成，其中的神经元大多以平行的方式相连接。

Neural Network（神经网络）

作为一种机器学习模型，神经网络由一组称为神经元的简单信息处理单元实现。通过修改神经网络中的神经元之间的连接可以构建很多不同类型的神经网络。常用的神经网络包括前馈网络、卷积网络和循环网络。

Neuron（神经元）

在深度学习（相对于脑科学而言）中，神经元就是一个简单的信息处理算法，以一些数值作为输入，并将这些数值映射为一个或高或低的输出。该映射的实现过程一般包含以下步骤：首先将每一个输入值乘以一个权重，然后求所得乘积的和以得到加权和，最后将该加权和通过一个激活函数得到最终的输出。

Overfitting（过拟合）

机器学习算法在数据集上的过拟合是指其得到的模型过于复杂，将样本中噪声引起的微小数据变化都考虑在模型中了。

Recurrent Neural Network（循环神经网络）

循环神经网络是指只有一个隐层的神经网络，而且这个隐层的输出连同下一个输入又作为该隐层的输入。循环神经网络中这样的反馈（或循环）赋予了网络记忆的功能，使得它在处理每一个输入时可以考虑在此之前已经处理过的信息。循环神经网络是处理序列或时序数据的一种理想方法。

Reinforcement Learning（强化学习）

强化学习的目的是使代理能够学习如何根据给定的环境做出相应的行动的策略。这里的策略就是一个函数，它将代理对当前环境的观测结果及其自身的内部状态映射为相应的行动。强化学习通常被用于机器人控制和博弈游戏之类的在线控制任务。

ReLU Unit（ReLU 单元）

ReLU 单元是指使用线性整流器函数作为激活函数的神经元。

Supervised Learning（有监督学习）

有监督学习是机器学习的一种形式，其目标是学习一个函数，将样本的输入属性映射为对该样本的未知目标属性的精确估计。

Target Attribute（目标属性）

目标属性是指有监督学习中训练模型以估计其值的属性。

Underfitting（欠拟合）

机器学习算法在数据集上的欠拟合是指其得到的模型过于简单，无法准确刻画输入和输出之间的复杂关系。

Unsupervised Learning（无监督学习）

无监督学习是机器学习的一种形式，其目标是发现数据中的规则，比如由相似样本构成的聚类簇。与有监督学习不同，在无监督学习任务中并没有目标属性。

Vanishing Gradient（梯度消失）

梯度消失问题是指，随着网络层数越来越多，训练网络所需的时间也越来越长。导致这一问题的原因是，当使用反向传播和梯度下降算法训练神经网络时，网络中某个神经元的输入连接的权重的更新取决于网络误差相对于该神经元的输出的梯度（或灵敏度）。在反向传播过程中，通过神经元传播误差梯度需要进行一系列的乘法运算，而乘数值常常小于 1。结果导致误差梯度在网络中进行反向传播时会变得越来越小（也就是逐渐消失了）。这一现象导致的直接后果之一就是对网络中靠前的层的权重的更新非常小，对这些层中的神经元的训练因而需要很长的时间。

REFERENCES 参考文献

[1] Aizenberg, I. N., N. N. Aizenberg, and J. Vandewalles. 2000. *Multi-Valued and Universal Binary Neurons: Theory, Learning and Applications*. Springer.

[2] Chellapilla, K., S. Puri, and Patrice Simard. 2006. "High Performance Convolutional Neural Networks for Document Processing." In *Tenth International Workshop on Frontiers in Handwriting Recognition.*

[3] Churchland, P. M. 1996. *The Engine of Reason, the Seat of the Soul: A Philosophical Journey into the Brain.* MIT Press.

[4] Dechter, R. 1986. "Learning While Searching in Constraint-Satisfaction-Problems." In *Proceedings of the Fifth National Conference on Artificial Intelligence* (AAAI-86), pp. 178–183.

[5] Devlin, J., M. W. Chang, K. Lee, and K. Toutanova. 2018. "Bert: Pre-training of deep bidirectional transformers for language understanding." arXiv preprint arXiv:1810.04805.

[6] Elgammal, A., B. Liu, M. Elhoseiny, and M. Mazzone. 2017. "CAN: Creative Adversarial Networks, Generating 'Art' by Learning about Styles and Deviating from Style Norms." arXiv:1706.07068.

[7] Elman, J. L. 1990. "Finding Structure in Time." *Cogn. Sci.* 14: 179–211.

[8] Frid-Adar, M., I. Diamant, E. Klang, M. Amitai, J. Goldberger, and H. Greenspan. 2018. "GAN-based Synthetic Medical Image Augmentation for Increased CNN Performance in Liver Lesion Classification." arXiv:1803.01229.

[9] Fukushima, K. 1980. "Neocognitron: A self-organizing neural network model for a mechanism of pattern recognition unaffected by shift in position." *Biol. Cybern.* 36: 193–202.

[10] Glorot, X., and Y. Bengio. 2010. "Understanding the Difficulty of Training Deep Feedforward Neural Networks." In *Proceedings of the Thirteenth International Conference on Artificial Intelligence and Statistics* (AISTATS), pp. 249–256.

[11] Glorot, X., A. Bordes, and Y. Bengio. 2011. "Deep Sparse Rectifier Neural Networks." In *Proceedings of the Fourteenth International Conference on Artificial Intelligence and Statistics* (AISTATS), pp. 315–323.

[12] Goodfellow, I., Y. Bengio, and A. Courville. 2016. *Deep Learning.* MIT Press.

[13] Goodfellow, I., J. Pouget-Abadie, M. Mirza, B. Xu, D. Warde-Farley, S. Ozair, A. Courville, and J. Bengio. 2014. "Generative Adversarial Nets." In *Advances in Neural Information Processing Systems* 27: 2672–2680.

[14] He, K., X. Zhang, S. Ren, and J. Sun. 2016. "Deep Residual Learning for Image Recognition." In *IEEE Conference on Computer Vision and Pattern Recognition* (CVPR). IEEE, pp. 770–778. https://doi.org/10.1109/CVPR.2016.90.

[15] Hebb, D. O. 1949. *The Organization of Behavior: A Neuropsychological Theory.* John Wiley & Sons.

[16] Herculano-Houzel, S. 2009. "The Human Brain in Numbers: A Linearly Scaled-up Primate Brain." *Front. Hum. Neurosci.* 3. https://doi.org/10.3389/neuro.09.031.2009.

[17] Hinton, G. E., S. Sabour, and N. Frosst. 2018. "Matrix Capsules with EM Routing." In *Proceedings of the 7th International Conference on Learning Representations* (ICLR).

[18] Hochreiter, S. 1991. Untersuchungen zu dynamischen neuronalen Netzen (Diploma). Technische Universität München.

[19] Hochreiter, S., Schmidhuber, J. 1997. "Long Short-Term Memory." *Neural Comput.* 9: 1735–1780.

[20] Hopfield, J. J. 1982. "Neural Networks and Physical Systems with Emergent Collective Computational Abilities." *Proc. Natl. Acad. Sci.* 79: 2554–2558. https://doi.org/10.1073/pnas.79.8.2554.

[21] Hubel, D. H., and T. N. Wiesel. 1962. "Receptive Fields, Binocular Interaction and Functional Architecture in the Cat's Visual Cortex." *J. Physiol. Lond.* 160: 106–154.

[22] Hubel, D. H., and T. N. Wiesel. 1965. "Receptive Fields and Function Architecture in Two Nonstriate Visual Areas (18 and 19) of the Cat." *J. Neurophysiol.* 28: 229–289.

[23] Ivakhnenko, A. G. 1971. "Polynomial Theory of Complex Systems." *IEEE Trans. Syst. Man Cybern.* 4: 364–378.

[24] Kelleher, J. D., and B. Tierney. 2018. *Data Science.* MIT Press.

[25] Krizhevsky, A., I. Sutskever, and G. E. Hinton. 2012. "Imagenet Classification with Deep Convolutional Neural Networks." In *Advances in Neural Information Processing Systems*, pp. 1097–1105.

[26] LeCun, Y. 1989. Generalization and Network Design Strategies (Technical Report No. CRG-TR-89-4). University of Toronto Connectionist Research Group.

[27] Maas, A. L., A. Y. Hannun, and A. Y. Ng. 2013. "Rectifier Nonlinearities Improve Neural Network Acoustic Models." In *Proceedings of the Thirteenth International Conference on Machine Learning* (ICML) Workshop on Deep Learning for Audio, Speech and Language Processing, p. 3.

[28] MacKay, D. J. C. 2003. *Information Theory, Inference, and Learning Algorithms*. Cambridge University Press.

[29] Marcus, G.F. 2003. *The Algebraic Mind: Integrating Connectionism and Cognitive Science*. MIT Press.

[30] McCulloch, W. S., and W. Pitts. 1943. "A Logical Calculus of the Ideas Immanent in Nervous Activity." *Bull. Math. Biophys*. 5: 115–133.

[31] Mikolov, T., K. Chen, G. Corrado, and J. Dean. 2013. "Efficient Estimation of Word Representations in Vector Space." arXiv:1301.3781.

[32] Minsky, M., and S. Papert. 1969. *Perceptrons*. MIT Press.

[33] Mnih, V., K. Kavukcuoglu, D. Silver, A. Graves, I. Antonoglou, D. Wierstra, and M. Riedmiller. 2013. "Playing Atari with Deep Reinforcement Learning." ArXiv13125602 Cs.

[34] Nilsson, N. J. 1965. *Learning Machines: Foundations of Trainable Pattern-Classifying Systems, Series in Systems Science*. McGraw-Hill.

[35] Oh, K.-S., and K. Jung. 2004. "GPU Implementation of Neural Networks." *Pattern Recognit*. 36: 1311–1314.

[36] Olah, C., A. Satyanarayan, I. Johnson, S. Carter, S. Ludwig, K. Ye, and A. Mordvintsev. 2018. "The Building Blocks of Interpretability." Distill. https://doi.org/10.23915/distill.00010.

[37] Reagen, B., R. Adolf, P. Whatmough, G.-Y. Wei, and D. Brooks. 2017. "Deep Learning for Computer Architects." *Synth. Lect. Comput. Archit*. 12: 1–123. https://doi.org/10.2200/S00783ED1V01Y201706CAC041.

[38] Reed, R. D., and R. J. Marks II. 1999. *Neural Smithing: Supervised Learning in Feedforward Artificial Neural Networks*. MIT Press.

[39] Rosenblatt, F. 1960. On the Convergence of Reinforcement Procedures in Simple Perceptrons (Project PARA). (Report No. VG-1196-G-4). Cornell Aeronautical Laboratory, Inc., Buffalo, NY.

[40] Rosenblatt, F. 1962. *Principles of Neurodynamics: Perceptrons and the Theory of Brain Mechanisms*. Spartan Books.

[41] Rosenblatt, Frank, 1958. "The Perceptron: A Probabilistic Model for Infor-

mation Storage and Organization in the Brain." *Psychol. Rev.* 65: 386–408. https://doi.org/10.1037/h0042519.

[42] Rumelhart, D. E., G. E. Hinton, and R. J. Williams. 1986a. "Learning Internal Representations by Error Propagation." In D. E. Rumelhart, J. L. McClelland, and PDP Research Group, eds. *Parallel Distributed Processing: Explorations in the Microstructure of Cognition,* Vol. 1. MIT Press, pp. 318–362.

[43] Rumelhart, D.E., J. L. McClelland, PDP Research Group, eds. 1986b. *Parallel Distributed Processing: Explorations in the Microstructure of Cognition,* Vol. 1: *Foundations*. MIT Press.

[44] Rumelhart, D.E., J. L. McClelland, PDP Research Group, eds. 1986c. *Parallel Distributed Processing: Explorations in the Microstructure of Cognition,* Vol. 2: *Psychological and Biological Models*. MIT Press.

[45] Sabour, S., N. Frosst, and G. E. Hinton. 2017. "Dynamic Routing Between Capsules." In *Proceedings of the 31st Conference on Neural Information Processing* (NIPS). pp. 3856–3866.

[46] Schmidhuber, J. 2015. "Deep Learning in Neural Networks: An Overview." *Neural Netw.* 61: 85–117.

[47] Steinkraus, D., Patrice Simard, and I. Buck. 2005. "Using GPUs for Machine Learning Algorithms." In *Eighth International Conference on Document Analysis and Recognition* (ICDAR'05). IEEE. https://doi.org/10.1109/ICDAR.2005.251.

[48] Sutskever, I., O. Vinyals, and Q. V. Le. 2014. "Sequence to Sequence Learning with Neural Networks." In *Advances in Neural Information Processing Systems* (NIPS), pp. 3104–3112.

[49] Taigman, Y., M. Yang, M. Ranzato, and L. Wolf. 2014. "DeepFace: Closing the Gap to Human-Level Performance in Face Verification." Presented at the Proceedings of the IEEE Conference on Computer Vision and Pattern Recognition, pp. 1701–1708.

[50] van der Maaten, L., and G. E. Hinton. 2008. "Visualizing Data Using t-SNE." *J. Mach. Learn. Res.* 9, 2579–2605.

[51] Vaswani, A., N. Shazer, N. Parmar, J. Uszkoreit, L. Jones, A.N. Gomez, L. Kaiser, and I. Polosukhin. 2017. "Attention Is All You Need." In *Proceedings of the 31st Conference on Neural Information Processing* (NIPS), pp. 5998–6008.

[52] Werbos, P. 1974. "Beyond Regression: New Tools for Prediction and Analysis in the Behavioral Sciences." PhD diss., Harvard University.

[53] Widrow, B., and M.E. Hoff. 1960. Adaptive Switching Circuits (Technical Report No. 1553-1). Stanford Electronics Laboratories, Stanford University, Stanford, California.

[54] Xu, K., Ba, J., Kiros, R., Cho, K., Courville, A., Salakhudinov, R., Zemel, R., Bengio, Y. 2015. "Show, Attend and Tell: Neural Image Caption Generation with Visual Attention." In *Proceedings of the 32nd International Conference on Machine Learning, Proceedings of Machine Learning Research*. PMLR, pp. 2048–2057.

延伸阅读 FURTHER READINGS

关于深度学习和神经网络的读物

Charniak, Eugene. 2018. *Introduction to Deep Learning*. MIT Press.

Goodfellow, Ian, Yoshua Bengio, and Aaron Courville. 2016. *Deep Learning*. MIT Press.

Hagan, Martin T., Howard B. Demuth, Mark Hudson Beale, and Orlando De Jesús. 2014. *Neural Network Design*. 2nd ed.

Reagen, Brandon, Robert Adolf, Paul Whatmough, Gu-Yeon Wei, and David Brooks. 2017. "Deep Learning for Computer Architects." *Synthesis Lectures on Computer Architecture* 12 (4): 1–123.

Sejnowski, Terrence J. 2018. *The Deep Learning Revolution*. MIT Press.

线上资源

Nielsen, Michael A. 2015. *Neural Networks and Deep Learning*. Determination Press. Available at: http://neuralnetworksanddeeplearning.com.

Distill (an open access journal with many articles on deep learning and machine learning). Available at: https://distill.pub.

综述性的期刊文章

LeCun, Yann, Yoshua Bengio, and Geoffrey E. Hinton. 2015. "Deep Learn ing." *Nature* 521: 436–444.

Schmidhuber, Jürgen. 2015. "Deep Learning in Neural Networks: An Overview." *Neural Networks* 61: 85–117.